EL PEQUEÑO LIBRO DE LA NUMEROLOGÍA

EL PEQUEÑO LIBRO DE LA NUMEROLOGÍA

Una guía para principiantes: aprende a comprenderte a través de los números

KELLI MILLER

Ilutraciones de Coni Curi

alienta
EDITORIAL

Para Paige, Haley, Christian y Steven, mis estrellas eternas, por iluminar siempre mi camino con su amor incondicional, su alegría y su infinita gratitud

Esta edición se publica en colaboración con Zeitgeist, sello editorial de Zeitgeist™, una división de Penguin Random House LLC. Zeitgeist™ es una marca registrada de Penguin Random House LLC.

Título original: *Guided Numerology Workbook*

Alienta es un sello editorial de Centro de Libros PAPF, SLU.
Av. Diagonal, 662-664
08034 Barcelona
www.planetadelibros.com

Primera edición: junio de 2025
Depósito legal: B. 8.999-2025
ISBN: 978-84-1344-430-7
Composición: Realización Planeta
Impresión y encuadernación: Huertas Industrias Gráficas, S. A.
Printed in Spain - Impreso en España

Sumario

PRÓLOGO

Mi primer despertar espiritual lo experimenté a los treinta y tres años. En aquel momento me vi de pronto alejándome de todos aquellos aspectos de mi vida que hasta entonces me habían aportado estabilidad: mi trabajo, mi matrimonio y los que habían sido mis *hobbies*. Mientras abrazaba ese despertar, comencé a buscar respuestas a por qué mi vida se estaba desmoronando de ese modo. Y me di cuenta de que había números que se repetían una y otra vez a mi alrededor, en especial el 33 y el 333. Esos números estaban por todas partes: relojes, microondas, matrículas de coches e incluso vallas publicitarias. Entonces, realicé una rápida búsqueda en internet que me abrió los ojos al mundo de la numerología y me mostró los significados ocultos que escondían los números que me perseguían. Ya estaba familiarizada con el significado numerológico de las cartas de los arcanos menores y mayores del tarot y con su relación con los signos y planetas de la astrología. Sin embargo, la numerología añadía una nueva conexión con la magia y el misterio del universo. De repente, ya no me sentía tan sola.

Kelli Miller, autora y médium psíquica, lleva más de una década ayudando a buscadores espirituales después de que la atracción del espíritu se presentara en ella con demasiada fuerza como para pasarla por alto. Al igual que yo, Kelli fue llamada a aprender sobre los mensajes encerrados en todos y cada uno de los signos numéricos que el universo fue poniendo en su camino. Así, en *El pequeño libro de la numerología*, querido lector, encontrarás la explicación detallada de la energía sagrada contenida en cada número para que aprendas a convertir cada cifra en un faro de luz y verdad. Aquí, la inclusión del tarot y de las correlaciones astrológicas se añade a la importancia de incorporar la numerología a tu arsenal espiritual.

A lo largo de las páginas de *El pequeño libro de la numerología*, Miller desglosa el lenguaje de los números e insiste en cómo nuestro nombre y fecha de cumpleaños constituyen el plano cósmico desde el que comprendernos a nosotros mismos, nuestro propósito, nuestras áreas de crecimiento y mucho más de un modo práctico y divertido. Miller ha elaborado un libro exhaustivo y muy detallado con el que podrás calcular tu numerología, que es única, en varias categorías capaces de cambiar tu vida, como son el número de tu camino vital y el número del alma, y entender cómo la numerología desempeña un papel clave en el año, mes y día que estás teniendo. A medida que vayas leyendo, te darás cuenta de que, cuando comprendas tus números básicos y la manera en que la numerología afecta cada estación de la vida, lograrás una mayor autocomprensión y aceptación.

Lo de conocer tu numerología va más allá de empoderarte para tu viaje personal (por ejemplo, en mi caso he aprendido que tengo múltiples conexiones con el número maestro 11, que se asocia con una fuerte intuición y con la disposición a ayudar a otros en su camino espiritual, una sorprendente sincronicidad que tengo en común con la autora, sin duda, la persona perfecta para compartir contigo el apasionante mundo de la numerología). También podrás calcular la numerología de tus seres queridos, una herramienta de un valor incalculable para la sanación relacional y el fortalecimiento de los vínculos existentes. Gracias a este manual que tienes entre manos, he sido capaz de calcular la numerología de mi pareja, de mis padres, de mis hermanos y hasta de mi hijo, lo que me ha permitido comprender mejor nuestra inigualable y excepcional relación en el transcurso de nuestra vida.

Stefanie Caponi

INTRODUCCIÓN

Cuando empecé mi profundo viaje espiritual allá por el año 2011, me sentía tremendamente confundida por la transformación que estaba experimentando. Me estaban sucediendo infinidad de cosas a la vez, y no tenía ni la más remota idea de qué significaba nada de todo aquello. Mi primera reacción fue leer todo lo que pude sobre metafísica y espiritualidad en un intento de conseguir algo de claridad. Y ahí fue cuando me topé con la numerología y descubrí que el número de mi camino vital era el 11. En aquel momento todo encajó. A partir de ahí, entendí las causas de mis habilidades psíquicas innatas, supe por qué la gente se sentía atraída por mí y comprendí el origen de mi naturaleza completamente contemplativa. Por fin había dado con un campo de estudio que lo conectaba todo, desde los cristales hasta las frecuencias. Durante dicho tiempo de exploración, la numerología me condujo a revelaciones tan significativas y tremendas que tocaron profundamente mi espíritu, y se convirtió en la clave para desentrañar muchas de las preguntas que siempre había albergado sobre mí misma.

Uno de mis deseos al escribir este libro es que sus páginas puedan llegar a hacer lo mismo por ti.

He aquí uno de los principios básicos de la numerología: cada uno de nosotros es más que un número. Todos somos individuos complejos con personalidades únicas y un potencial absolutamente inagotable. De ahí que la principal herramienta de autocomprensión en numerología sea la tabla numerológica, un grupo personalizado de números derivados de información exclusiva sobre ti, incluido tu nombre y fecha de nacimiento. Tu tabla numerológica abarca muchos números, cada uno de los cuales ayuda a ilustrar el fondo de tu identidad, y a veces incluso ilumina facetas de ti que ni tan siquiera hasta entonces habías descubierto. (En este manual te guiaremos para que aprendas a calcular tu propia tabla.)

La numerología es una antigua práctica que consiste en asignar significados específicos a los números y, a partir de dichos significados y de unos sencillos cálculos, ayuda a las personas a descifrar mensajes sobre su personalidad y su destino. Para ello, interpreta las vibraciones energéticas que contienen los números con el fin de ofrecer un significado simbólico a quienes la estudian. Entre las muchas tradiciones antiguas que han vuelto a ganar popularidad en los últimos tiempos, se puede decir que la numerología ha renacido, ya que conduce directamente a una mayor conciencia espiritual y favorece el desarrollo personal. De hecho, a día de hoy, se trata de una práctica que la gente emplea para comprenderse mejor a sí misma y afrontar los retos de la vida, así como de una técnica popular para el buen consejo y el autodescubrimiento.

Si bien la numerología gira en torno a múltiples números que son significativos para cada persona como individuo, son muchos los expertos que afirman que el más importante de todos ellos es el número del camino vital. Este número, que es único, pues se calcula a partir de la fecha de nacimiento completa de cada uno, describe el posible propósito que cada cual tiene en su vida en la Tierra. En este sentido, un sinfín de escuelas esotéricas de pensamiento afirman que los atributos, los rasgos y las inclinaciones naturales profundamente arraigados en cada uno están simbolizados por la fecha de nacimiento, lo que hace que cobre especial sentido el hecho de que el número del camino vital se calcule empleando estos dígitos y no otros. Asimismo, los retos y las lecciones con que nos iremos encontrando a lo largo de la vida también son descritos por el número del camino vital de cada persona. De este modo, digamos que estamos ante el gran protagonista de nuestra existencia.

¿Y qué hay de los demás números de tu tabla? Pues que también desempeñan su papel: complementan tu número del camino vital y contribuyen a pintar un retrato rico y completo de quienes somos en realidad. Junto con tu número del camino vital, tus números de cumpleaños, primera impresión, alma interior, actitud y expresión dan lugar a un conjunto denominado números básicos. Querido lector, te animo a profundizar un poco más y descubrir tu número de actitud, que es el que destaca tus cualidades y valores. Tampoco pases por alto tu número de ciclo y tu número kármico, pues son ellos los que te acercan a las enseñanzas kármicas y los patrones cíclicos que afectan a tu vida. Entonces, vistas en conjunto, todas estas cifras proporcionan una imagen sólida de la característica personalidad de cada uno.

Cuando a la numerología se suman el significado de las piedras preciosas, la astrología y el tarot, el resultado es un enfoque multifacético que favorece la autocomprensión y mejora infinitamente el marco interpretativo. Estos métodos de adivinación complementarios —cada uno de ellos con su propia historia y enfoque— se conectan significativamente con la numerología para ofrecer así perspectivas complementarias. Todos ellos se superponen en su objetivo de proporcionar información sobre tu personalidad, propósito vital y camino espiritual. Por tal razón, he incluido muchas de esas conexiones a lo largo de este cuaderno para que quien quiera pueda explorarlas y animarse a experimentar con ellas.

Naturalmente, de ahora en adelante nos centraremos sobre todo en calcular los números de tu tabla y en entender lo que dicen de ti como persona. A estas alturas, puedo afirmar con certeza que aprender sobre numerología y empezar a descubrir los misterios que encierra tu tabla es la forma más apasionante de iniciar el viaje de autodescubrimiento y autodesarrollo. A medida que vayas aprendiendo cómo funcionan los números y lo que representan sus energías y significados, profundizarás más y más en tu conocimiento como individuo único.

Y es que, al margen de revelarte quién es tu yo esencial, tu tabla numerológica te ayudará a comprender tus habilidades y capacidades, de tal modo que te permitirá desarrollar todo tu potencial. Por si fuera poco, arrojará luz sobre tus oportunidades de desarrollo y superación personal, y te ayudará a aceptar a tu yo más auténtico y a reconciliarte con tus defectos. En resumen, tu tabla será una valiosa herramienta para que puedas llevar a cabo una profunda introspección. No olvides que contiene energía que, cuando se comprende y alinea con tu yo más auténtico, puede ayudarte a ganar armonía, plenitud y propósito en absolutamente todos los aspectos de tu vida.

Suena increíble, ¿verdad? Pero, para empezar, ¿de dónde viene toda esta sabiduría centrada en los dígitos?

BREVE HISTORIA DE LA NUMEROLOGÍA

Es al filósofo y matemático griego Pitágoras a quien se atribuye haber sentado —hace ya unos dos mil años— las bases del sistema numerológico más practicado en la actualidad. Pitágoras tenía el convencimiento de que los principios matemáticos podían aplicarse para comprender el universo, razón por la cual creó un sistema en el que a cada número del uno al nueve se le asignaba una energía y un simbolismo distinto, lo que daba a cada número un significado concreto.

Ya incluso antes de que Pitágoras creara el sistema que empleamos hoy en día, muchas culturas antiguas —incluidas la babilónica, la griega y la egipcia— recurrieron a otras formas de numerología para guiar sus vidas. Así, emitieron juicios sobre religión, arquitectura e incluso gobernanza recurriendo a las matemáticas, y no dudaron en consultar los números para comprender el mundo natural y predecir los acontecimientos futuros. En aquella época, la numerología influía en todo, desde los rituales religiosos hasta las preocupaciones cotidianas.

Y aunque con el paso del tiempo la numerología pitagórica se convirtió en el estilo dominante, en especial en las culturas occidentales, todavía en todo el globo se siguen utilizando otros sistemas numerológicos. Por ejemplo, la cábala es un sistema de enseñanza esotérica judía que explora el significado espiritual de los números, mientras que la numerología china asigna significados a los diferentes números en función de su asociación con los cinco elementos y las energías cósmicas que influyen en la vida de las personas. Por su parte, la numerología caldea calcula la personalidad exterior de una persona basándose en un número de un solo dígito, mientras que para la personalidad interior se fija en uno de dos dígitos. Salta a la vista que cada sistema numerológico ofrece distintos puntos de vista, lo que da a sus practicantes acceso a diversos instrumentos para la autoexploración, la orientación y la comprensión del mundo que los rodea.

Pese a que hay quienes se especializan en estos sistemas no pitagóricos, el estilo de numerología que nosotros exploraremos en este libro sí tiene su origen en las teorías de Pitágoras. Sin duda se trata de una de las aplicaciones más prominentes de la numerología contemporánea. La facilidad de uso, la profundidad intelectual y la integración cultural de la numerología pitagórica contribuyeron al rápido incremento de su popularidad. Al asignar a cada letra del alfabeto un valor numérico, la numerología moderna puede analizar tanto nombres como fechas de nacimiento para proporcionar resultados futuros, caminos de vida y rasgos de personalidad. Resulta bastante sencilla y fácil de aprender, pero brinda una asombrosa profundidad de conocimiento y autocomprensión.

LA NUMEROLOGÍA COMO VENTANA AL YO

La numerología tiene que ver contigo como individuo. Recuerda que trabajar con los números clave de tu tabla te ayudará a descubrir tus cualidades fundamentales, tu trayectoria vital y tu potencial con mayor claridad que nunca. Con instrucciones paso a paso, este libro se presenta como una guía que te ayudará a calcular y crear tu tabla numerológica.

Para comenzar este viaje, te hará falta tu nombre de pila completo, ya que en él reside la esencia vibracional de quién eres. También es imprescindible tu fecha completa de nacimiento, ya que será la que te ayude a identificar las influencias numerológicas más significativas. ¿Y cuál es la última pieza del rompecabezas? Tu mente abierta, que será la que te conducirá a nuevos descubrimientos y percepciones.

Puesto que los números básicos y los ciclos numerológicos son fundamentales para comprender e interpretar toda tu tabla, este libro sí o sí tenía que comenzar presentándolos. Según vayas avanzando en tu trabajo con los números básicos, más detalles te irán relevando ellos mismos, de tal manera que progresivamente te irás haciendo una imagen más completa de tu perfil numerológico, que es único y personal.

Te anticipo que los capítulos, las actividades y las reflexiones de este libro te ayudarán a desarrollar una relación más sólida con la numerología y a incorporar en tu vida todo lo recién aprendido sobre ti mismo. Por mucho que algunos cálculos puedan parecer complejos al principio, esta guía proporciona instrucciones claras y brinda toda la ayuda precisa para poder realizar todos los ejercicios fácilmente.

Una vez que avances en el libro, aprenderás a leer tanto para otras personas como para ti mismo. Con ello en mente, me he asegurado de señalar las cuestiones éticas que han de tenerse en cuenta al hacerlo. En primer lugar, antes de leer para otra persona, es imprescindible obtener su permiso, al igual que, al proceder a una lectura numerológica para otro, es fundamental ser conscientes de la importancia de no revelar demasiada información personal sobre dicho sujeto al resto. Muy al contrario, siempre y ante todo hay que garantizar el respeto a la privacidad. Querido lector, te animo a adentrarte en este libro con un sano respeto por tus límites y los de los demás, pues será el que te ayude a promover una actitud responsable y compasiva hacia la práctica de la numerología.

LOS NOMBRES ESCOGIDOS Y LAS FECHAS DE NACIMIENTO EN LA NUMEROLOGÍA

Los métodos más sencillos y más ampliamente utilizados para calcular tus números básicos emplean tu fecha de nacimiento y el nombre de pila completo que se te asignó al nacer (que es el que aparece impreso en tu partida de nacimiento original).

Sin embargo, es algo que no funciona para todos. Algunos de nosotros hemos pasado por matrimonios fallidos, divorcios o cirugías de género. Otros hemos optado por cambiarnos el nombre para protegernos, e incluso hay quienes nos escondemos tras nombres artísticos o seudónimos que ya se han convertido en partes cruciales y permanentes de nuestra identidad. Evidentemente, todos estos cambios nos afectan profundamente.

Por eso, si has elegido un nombre que para ti resuena más que el que te asignaron al nacer, utilízalo para los cálculos de tu tabla numerológica. Y si te sentiste renacer el día en que legal u oficialmente cambiaste de nombre, no dudes en tomar esa fecha como la de tu nacimiento elegido.

Por definición, tu nombre elegido tendrá una frecuencia diferente a la de tu nombre de pila, y lo mismo en el caso de tu fecha de nacimiento escogido. Si te pica la curiosidad, te animo a hacer una tabla con cada uno de los nombres y de las fechas, y a compararlas. ¿Cuál de ellas refleja mejor la persona que eres hoy?

GLOSARIO

Por lo general, un glosario suele aparecer al final de un libro pero, en este caso, como la numerología incluye tantos términos específicos y similares, el glosario puede resultar más útil al principio. He aquí un pequeño adelanto de todas las ideas en que profundizaremos más adelante. Además, te invito a echar un vistazo a estas dos páginas siempre que olvides la sutil diferencia entre tu número de expresión y tu número de primera impresión.

ARQUETIPO: en numerología, cada número simboliza un tipo de carácter con rasgos, lecciones de vida y vibraciones distintas que influyen en la personalidad, la conducta y la trayectoria vital.

FLECHAS: patrones específicos formados por la disposición de los números en una tabla de numerología. Arrojan luz sobre los puntos fuertes, los retos y las posibles vías de crecimiento de una persona.

NÚMERO DE NACIMIENTO: elemento central de la tabla numerológica de una persona derivado de su fecha de nacimiento. Habla de la personalidad y de las fortalezas de una persona, y saca a la luz los posibles retos a los que se enfrentará.

TABLA DE NACIMIENTO: tabla numerológica que traza las influencias numéricas presentes en el momento del nacimiento de un individuo. Incluye el número de nacimiento, el número del día y otros números relevantes derivados de la fecha de nacimiento.

NÚMERO DE CARÁCTER: número calculado a partir de las consonantes del nombre completo de pila de un individuo. Representa la expresión externa de su personalidad e influye en su presentación al mundo.

COMPATIBILIDADES: en numerología, relaciones armoniosas entre los números de una tabla numerológica. Indican áreas de concordancia y alineación entre los distintos aspectos del perfil numerológico de una persona.

NÚMEROS BÁSICOS: el número del camino vital de un individuo, el número de nacimiento, el número de la primera impresión, el número del alma interior, el número de carácter y el número de expresión.

NÚMERO DE DESTINO: también se conoce como número de expresión. Se calcula utilizando el nombre de pila completo y revela los talentos innatos de la persona, sus habilidades y su posible trayectoria vital.

ADIVINACIÓN: en numerología, el empleo de la energía vibratoria de los números para analizar patrones y tendencias que proporcionan dirección y pronósticos para predecir la vida, el carácter y el futuro de alguien.

NÚMERO DE EXPRESIÓN: igualmente conocido como número de destino. Se calcula utilizando el nombre de pila completo y revela los talentos innatos de la persona, sus habilidades y su posible trayectoria vital.

NÚMERO DE PRIMERA IMPRESIÓN: número derivado de las consonantes del nombre de un individuo. Representa la impresión inicial que causa en los demás e influye en su estilo de comunicación y en sus interacciones sociales.

ENCARNACIÓN: un alma que adopta una forma física durante su viaje a través de varias vidas. La energía vibratoria de determinados números puede ayudar a descubrir las causas espirituales de la situación actual en la vida de una persona, así como el progreso del alma.

NÚMERO DEL ALMA INTERIOR: también se conoce como número del impulso del alma. Se calcula a partir de las vocales presentes en el nombre de pila completo de una persona. Revela sus deseos, motivaciones y aspiraciones espirituales más profundas.

KÁRMICO: asuntos pendientes, obstáculos o patrones arrastrados de encarnaciones anteriores. Cada persona debe superar estas lecciones para equilibrar su karma y avanzar en el viaje de desarrollo espiritual del alma.

NÚMERO DE DEUDA KÁRMICA: se trata de un aspecto desafiante de la tabla numerológica de un individuo que pone de relieve las lecciones kármicas no resueltas de vidas pasadas. Representa aquellas áreas de crecimiento y transformación personales que requieren atención y resolución en esta vida.

NÚMERO DE LECCIÓN KÁRMICA: número calculado a partir del nombre de pila completo que revela las influencias kármicas que afectan al estilo de comunicación y expresión de cada persona.

NÚMERO DEL CAMINO VITAL: uno de los números más significativos de una tabla numerológica, derivado de la fecha de nacimiento del individuo. Representa su verdadera esencia, el propósito de su vida y el camino que está destinado a seguir.

NÚMERO MAESTRO: los números 11, 22 y 33, que se cree que gozan de una fuerte presencia en el cosmos. Tienen el poder de inspirar y elevar la vida, porque cada número maestro tiene dígitos gemelos que intensifican sus vibraciones. Cualquier persona con un número maestro como número básico es probable que tenga una mayor intuición, más potencial o gran inteligencia.

NÚMERO DE MADUREZ: número que se calcula a partir de la fecha de nacimiento y muestra el potencial del individuo para el crecimiento personal, la sabiduría y la realización más adelante en su vida.

TABLA DEL NOMBRE: una tabla numerológica que examina las influencias numéricas presentes en el nombre de pila completo de una persona. Suele incluir el número de expresión, el número de carácter y otros números significativos derivados del nombre.

VIDA PASADA: se conoce también como encarnación anterior. Se refiere a las vidas previas experimentadas antes de la encarnación actual de un alma.

NÚMERO DEL DÍA PERSONAL: número que se deriva de la fecha de nacimiento de una persona y representa rasgos y tendencias específicas asociadas con ese día del mes.

NÚMERO DEL MES PERSONAL: un número derivado de la fecha de nacimiento de una persona que representa los rasgos y hábitos específicos que influirán en un mes en concreto de la vida de una persona.

NÚMERO DEL AÑO PERSONAL: número calculado para predecir el tema, el enfoque y la energía de un año específico en la vida de una persona. Se obtiene a partir de la fecha de nacimiento y del año natural en curso.

1
2
3
4
5
6
7
8
9
11
22
33

CAPÍTULO 1

Explora los números

PUESTO QUE LA numerología consiste básicamente en el estudio de los números y de su influencia energética en nuestras vidas, debemos empezar conociendo cada número. Todos ellos tienen un significado que va mucho más allá de su valor matemático y puede llegar a desvelar valiosa información sobre el carácter, el futuro e incluso el propósito de vida de cada persona.

En la numerología occidental, los números del uno al nueve representan los componentes básicos de la existencia. Así, cada uno tiene una vibración distinta y un significado simbólico. Sin embargo, aquí hay una distorsión: para la mayoría de los cálculos numerológicos, el número 10 realmente no existe. Estos cálculos numerológicos se realizan sumando todos los números de una serie, una y otra vez, hasta obtener de resultado un solo dígito. Aquí la excepción son los números maestros. En este sentido, se piensa que los números 11, 22 y 33 tienen el poder de inspirar y elevar la vida porque cada número maestro consta de dos dígitos gemelos que intensifican sus vibraciones. Si al calcular uno de tus números básicos te sale 11, 22 o 33, detente ahí. En ese caso, no necesitarás seguir sumando esos dígitos dobles para obtener uno solo. Ése será tu número maestro.

Aunque estos números representan arquetipos amplios, la forma en que aparezcan en tu tabla determinará cómo has de interpretarlos. Pronto te darás cuenta de que no es lo mismo tener el 6 como tu número del alma interior que como tu número de deuda kármica. No obstante, antes de crear esa tabla y explorar las relaciones entre sus números, aquí los presentaremos uno a uno como entidades individuales. Quizá podrían aparecer en tu vida como delicados empujones del universo. Por otro lado, si de repente empiezas a ver un solo dígito o una cadena de dígitos por todas partes, sobre todo si son alguno de los números maestros, recuerda que esa recurrencia tiene un significado. Y no olvides que familiarizarte con los perfiles de estos números te ayudará a dar sentido a los mensajes numerológicos que estás recibiendo.

MANTRA

«Yo dirijo.»

PALABRAS CLAVE

Orientado a objetivos, independiente, líder, determinado, innovador.

LOS 1 FAMOSOS

Oscar de la Renta, Walt Disney, Steve Jobs, Martin Luther King Jr., George Washington, Tiger Woods.

El número 1 siempre tiene que ver con los nuevos comienzos, las oportunidades y el potencial de crecimiento, porque simboliza la energía de la iniciación y la chispa de la creación. Este número está estrechamente relacionado con la singularidad y la idea de dar el primer paso en un nuevo viaje. Tiene sentido, ¿no?

El 1 aparece en las posiciones clave de las tablas de las personas que son autosuficientes, asertivas y ambiciosas. Acostumbran a tener una mentalidad innovadora, un gran sentido del logro y una ingente capacidad de liderazgo. Debido a su tenacidad y seguridad en sí mismos, los 1 son innovadores por naturaleza que inspiran a otros a seguir sus pasos (pensemos en esa persona que toma las riendas de todos los proyectos en grupo que se le asignan).

Las personas con un 1 en las posiciones clave de su tabla cuentan con unas capacidades increíbles, pero en ocasiones también podrían enfrentarse a algunos de los retos que conlleva su mentalidad independiente. Por ello, el egoísmo, la impaciencia y la obstinación pueden ser algunos de los rasgos que definan su personalidad. No obstante, al reconocer y resolver estos defectos, los 1 pueden superar todos los obstáculos con más conciencia de sí mismos y equilibrio.

EL NÚMERO 1 EN LA VIDA DIARIA

Las personas con un 1 en las posiciones clave de su tabla son increíblemente capaces de tomar siempre la iniciativa, perseverar ante los desafíos e inspirar a la gente con su visión y encanto natural. En el día a día, a estas personas siempre se las ve persiguiendo sus sueños y dejando una huella indeleble en el mundo. Además, lo hacen con la misma naturalidad que si estuvieran caminando o respirando. Se trata de pensadores independientes a los que no les importa lo más mínimo apartarse de la multitud y emprender su propio camino hacia el éxito.

Las lecciones que nos enseña el número 1 tienen que ver con la valentía, la autoaceptación y el autodescubrimiento. Las personas que son 1 suelen vibrar con originalidad, fuerza, liderazgo y capacidad de independencia, e inspiran a otras a aceptar su propia individualidad y a aumentar su confianza.

EL NÚMERO 1 Y EL TAROT

La carta del tarot que más frecuentemente se asocia con el número 1 es la del Mago. Hay muchas razones para ello. Para empezar, se trata de la carta 1 de los Arcanos Mayores, el conjunto de 22 poderosas cartas de triunfo en una baraja de tarot. La gran mayoría de las barajas muestran al Mago, que representa la conexión entre los reinos espiritual y material, como una figura de pie con una mano hacia el cielo y la otra apuntando en dirección a la tierra. La fuerza de voluntad, el liderazgo y el control de los elementos se relacionan directamente con la imponente figura del mago.

Al igual que el número 1, el Mago personifica la capacidad de hacer que las ideas cobren vida y de aprovechar toda la energía interior para alcanzar metas y objetivos. Así, este arquetipo anima a las personas a reconocer y descubrir sus propios talentos y capacidades, a confiar en su intuición y a actuar con decisión para manifestar sus deseos.

Siempre que el número 1 ocupe una posición relevante en tu tabla numerológica, se te está animando a adoptar los rasgos del Mago. Puedes aprovechar las energías sinérgicas del número y la carta para alcanzar el desarrollo personal y el éxito alineándote con estas características.

EL NÚMERO 1 EN LA ASTROLOGÍA

Los signos del zodíaco Leo y Aries se corresponden con las características del número 1. Aries, el primer signo del zodíaco, representa la valentía, la iniciativa, un carácter fuerte y franco. Por su parte, Leo, simbolizado por el regio león, irradia confianza, inventiva y un don natural para el liderazgo, cualidades todas ellas que coinciden con los fundamentos del número 1.

Las personas nacidas bajo estos signos o con el 1 en una posición clave de su tabla suelen distinguirse por su tenacidad, vigor y encanto magnético. Todas ellas prosperan en puestos de liderazgo y siempre que persiguen sus pasiones con un entusiasmo audaz.

Si eres de los que tienen el número 1 en alguna posición clave de tu tabla, aprovecha la energía magnética y las cualidades de liderazgo asociadas tanto al número 1 como a los signos del zodíaco Aries y Leo. La influencia de estos signos potenciará tu sensación de verte especialmente bien preparado para liderar con confianza, emprender acciones osadas, abrazar la creatividad, perseguir pasiones con entusiasmo, irradiar un encanto magnético, y mostrar tenacidad y determinación. Al reconocer y emplear la sinergia entre el número 1 y las influencias astrológicas de Aries y Leo, lograrás maximizar sin esfuerzo todo tu potencial.

EL NÚMERO 1 Y EL UNIVERSO

La piedra de nacimiento de enero (el primer mes del año), el granate, encaja a la perfección con los rasgos asertivos del número 1, puesto que simboliza el poder, el valor y la pasión. El sol encarna la confianza, la energía y la individualidad, y amplifica todavía más las características compartidas con el 1. Y todas las tonalidades de rojo —que se asocian con el número 1, el granate *y* el sol— estimulan la acción, la valentía y la pasión. Así, cuando se combinan, tejen un hermosísimo tapiz de empoderamiento.

Estas cualidades se ven aún más potenciadas con la energía radiante del sol, que igualmente aumenta la capacidad de liderazgo y la creatividad. De hecho, este vínculo se refuerza con el color rojo, que también inspira valor y una personalidad ardiente. De esta forma, las personas se sienten motivadas para abrazar su poder interior, asumir riesgos con valentía, y liderar con absoluta confianza y determinación.

Cuando las personas lucen un granate, abrazan el color rojo y conectan con la energía solar, consiguen amplificar sin dificultad la energía de su número 1. Para ello, basta con llevar joyas con granate, ponerse ropa roja, pasar tiempo al aire libre bajo la luz del sol, apostar por las afirmaciones o visualizaciones diarias, e incorporar prácticas de atención plena o meditación. Al integrar conscientemente todos estos componentes en tu vida diaria, te comprometes de forma activa y amplificas las energías asociadas al número 1.

MANTRA
«Estoy en equilibrio.»

PALABRAS CLAVE
Armonía, cooperación, diplomacia, intuición, empatía.

LOS 2 FAMOSOS
Madonna, Gwyneth Paltrow, Ronald Reagan, Emma Watson.

Tal y como era de esperar, al estar tan fuertemente asociado a las relaciones y los emparejamientos, el número 2 encuentra su eco en la cooperación, la empatía, la armonía, la intuición y la diplomacia. Siempre refleja la dualidad de la naturaleza: el día y la noche, el yin y el yang, la vida y la muerte. Dado que el número 2 se refleja en la sensibilidad, la intuición y la empatía, las personas con un 2 en una posición clave de su tabla son habilidosas a la hora de establecer relaciones y percibir los sentimientos de los demás. Así, su poder reside en su capacidad para fomentar la armonía, resolver disputas y permitir una comunicación más clara.

Las personas con un 2 en posiciones clave de su tabla tienden a brillar en grupos y a llegar muy alto en todas aquellas profesiones que exigen saber cooperar y buscar puntos en común. Son muy buenas cuando se trata de escuchar con compasión, saben reconocer y validar las dos partes implicadas en cualquier cuestión, y consiguen hallar puntos de acuerdo mejor que nadie. Además, su personalidad afectuosa y cariñosa despierta un sentimiento de apoyo infinito y pertenencia dentro de las comunidades.

Pese a todo lo anterior, la tendencia de los número 2 hacia la diplomacia en ocasiones puede llevarlos a evitar enfrentamientos, algunos importantes, que bien merecen su atención. Por suerte, y como se trata de personas tan tenaces en su búsqueda de la paz, cuando por algún motivo se ven envueltas en confrontaciones, enseguida dan con una respuesta creativa a sus problemas.

EL NÚMERO 2 EN LA VIDA DIARIA

Su enorme capacidad para promover la armonía y forjar conexiones es uno de los puntos fuertes de los 2. Quienes cuentan con un 2 en una posición relevante de su tabla tienen un don natural para la cooperación, la empatía y la diplomacia. Pueden actuar como mediadores pasivos o incluso trabajar en segundo plano para alcanzar el equilibrio y lograr la armonía en las distintas situaciones en que se encuentren o en sus relaciones. Podríamos decir que son pacificadores natos.

Del mismo modo, los número 2 pueden influir muy positivamente en todos los que los rodean, y están siempre dispuestos a escuchar y aceptar las diferencias para fomentar así el crecimiento y la conexión entre las personas. Sin embargo, cuando esta energía no está en equilibrio, puede desembocar en indecisión, codependencia o pasividad, esto es, en incapacidad para darse a valer. Así, su afán de procurar la paz puede volverse en su contra cuando la persona no logra imponer sus propios límites.

EL NÚMERO 2 Y EL TAROT

La Suma Sacerdotisa es la carta del tarot que, sin duda, más se asocia con el número 2. Se trata de la segunda carta de los Arcanos Mayores, representa la conexión entre la mente consciente y el subconsciente, y suele aparecer como una dama sentada entre los mundos de la luz y la oscuridad, reflejando la intuición y el conocimiento. En este sentido, el número 2 nos recuerda la interconexión que siempre existe entre los opuestos y la necesidad de hallar la armonía tanto en nosotros mismos como en el mundo que nos rodea.

La Suma Sacerdotisa invita a la gente a seguir su dirección interior y a explorar las profundidades de su intuición. A menudo se la relaciona con el misterio, la sabiduría y el conocimiento secreto. Esta carta y el número 2 enfatizan el valor del conocimiento interior y de la intuición, e inspiran a las personas a dejarse guiar por su instinto y a abrazar la incertidumbre, por mucho miedo que pueda dar el momento.

Si tienes el número 2 en alguna posición significativa de tu tabla, no dejes de aprovechar la energía del 2 y del arquetipo de la Suma Sacerdotisa para confiar en tu intuición, buscar el equilibrio y la armonía, explorar misterios y conocimientos ocultos, abrazar la paciencia y la sensibilidad, meditar y reflexionar, y cultivar las relaciones. Al adoptar todas estas cualidades y prácticas, lograrás alinearte con las energías de ambos.

EL NÚMERO 2 EN LA ASTROLOGÍA

El número 2 está tan fuertemente vinculado a cualidades como la colaboración y la sensibilidad que goza de una afinidad natural con Tauro y Cáncer.

Es Venus el que rige el signo de tierra con Tauro, un signo que, se sabe, aprecia la estabilidad, la lealtad y los vínculos afectivos. Las personas con sol en Tauro destacan por su inmensa fiabilidad y firmeza, rasgos que concuerdan enormemente con la solidez y el arraigo característicos del número 2.

Por su parte, la luna rige el signo de Cáncer, que es conocido por su profundidad emocional, su intuición y las tendencias afectivas. Al igual que el número 2, Cáncer realza el valor del hogar, de la familia y de la estabilidad emocional.

Las relaciones y la estabilidad emocional son importantes tanto para Tauro como para Cáncer, lo que se alinea a la perfección con la armonía y el equilibrio deseados por el número 2. Así, esta relación pone de relieve la extrema importancia de la receptividad emocional, de la estabilidad y de los rasgos protectores presentes tanto en la astrología como en la numerología.

Quien tenga el número 2 en alguna posición clave de su tabla ha de aprovechar la energía del número 2, de Tauro y de Cáncer para cultivar relaciones sólidas, abrazar la sensibilidad y la intuición, alimentar la estabilidad emocional, fomentar la armonía y el equilibrio, desarrollar la paciencia y dar prioridad al hogar y a la familia. Tanto en el plano personal como en el profesional, esta sinergia contribuye a alcanzar una vida equilibrada y plena.

EL NÚMERO 2 Y EL UNIVERSO

La luna es el cuerpo planetario que rige el número 2 y representa las emociones, el subconsciente y la intuición. Sus distintas fases no hacen sino reflejar las mareas de la vida y encarnan la polaridad y la dualidad arraigadas en el número 2.

El brillante aspecto y la elegante energía de la piedra lunar encajan a la perfección con la frecuencia del número 2. La piedra lunar potencia la intuición, favorece el equilibrio emocional y fortalece las conexiones con la energía divina femenina. Su conexión con la luna intensifica sus propiedades calmantes y relajantes, por lo que estamos ante una herramienta eficaz para la curación emocional y el crecimiento personal.

Los tonos naranja, melocotón y albaricoque inspiran sentimientos de bienestar, armonía e ingenio, de ahí que se consideren un reflejo de la energía del número 2. Las cualidades pacíficas y reconfortantes del 2 encuentran su eco en estos colores, que, combinados, pueden ayudar a fomentar el bienestar emocional, y favorecer la cooperación y el entendimiento en todas las relaciones.

Para amplificar la energía del número 2 que aparece

en tu tabla, integra prácticas relacionadas con la luna, la piedra lunar y estos colores en tu vida diaria. Luce joyas con una piedra lunar y medita sosteniendo un trozo de piedra lunar en la mano para mejorar tu intuición. Para aprovechar aún más la energía lunar, báñate bajo la luz de la luna para absorber sus rayos calmantes o estate al día de las fases lunares para alinear tus actividades diarias con la luna. Por último, vístete con tonos naranja, melocotón, coral o albaricoque, o decora tu hogar en estos colores para evocar sentimientos de confort y creatividad.

NÚMERO 3

MANTRA

«Yo creo.»

PALABRAS CLAVE

Creatividad, habilidades comunicativas, optimismo, sociabilidad, expresividad.

LOS 3 FAMOSOS

Maya Angelou, Jimmy Buffett, Leonardo da Vinci, Kate Middleton, Katy Perry, J. K. Rowling, Barbara Walters.

El número 3 se considera sagrado en muchos contextos espirituales y religiosos. Así, tenemos a la doncella, la madre y la arpía en la Wicca; a la Santísima Trinidad en el cristianismo, y las tres joyas del budismo. Por tanto, el 3 es un número de enorme poder en muchas culturas. En numerología, el 3 simboliza la creatividad, el optimismo, la sociabilidad, la autoexpresión y la comunicación. Personifica el espíritu vibrante de expansión y crecimiento en el mundo natural, y refleja los ciclos naturales de nacimiento, crecimiento y fructificación.

Las personas con un 3 en una posición clave de su tabla normalmente tienen mucho encanto, optimismo y entusiasmo, así como un talento natural para contar historias. Aparte, suelen cosechar grandes éxitos en las actividades artísticas, y disfrutan expresándose y compartiendo sus perspectivas únicas con el mundo.

No obstante, no todo es pasión e inspiración. La espontaneidad y el entusiasmo del número 3 pueden desembocar en una energía desorganizada, inquietud o tendencia a un compromiso excesivo. Por suerte, los 3 son enormemente resilientes, y gozan de una tremenda capacidad para levantarse tras un fracaso y convertir cada acontecimiento en una oportunidad de aprendizaje.

EL NÚMERO 3 EN LA VIDA DIARIA

La mayoría de los 3 tienen el don especial de elevar, inspirar y alegrar a los demás. Estas personas son capaces de dinamizar discretamente el ambiente allá donde van, y saben cómo inspirar a la gente para que cada cual comparta su talento único y su inspiración con el mundo. Podríamos afirmar que las personas con un 3 en posiciones clave de su tabla predican con el ejemplo.

Las lecciones que nos transmite el número 3 tienen que ver con aceptar la creatividad y disfrutar de la diversidad de la experiencia humana en todas las situaciones sociales. Este número se asocia vibracionalmente con la alegría, el crecimiento y la autoexpresión.

Las personas que tienen el 3 en posiciones clave de su tabla están ahí para recordarnos a todos que hemos de buscar la belleza, el placer y la inspiración siempre allá donde vayamos.

EL NÚMERO 3 Y EL TAROT

En numerología, la carta del tarot conocida como la Emperatriz suele asociarse con el número 3. La Emperatriz, como tercera carta de los Arcanos Mayores, representa la conexión entre los mundos material y natural, y suele aparecer en tonos verdes, sentada en un trono y rodeada de una exuberante vegetación. Nos habla de la creatividad, de la abundancia, de la fertilidad y del espíritu divino femenino.

Tanto el número 3 como la Emperatriz inspiran a las personas a expresar sus talentos únicos y a hacer realidad sus sueños. Ambos enfatizan los valores del progreso, de la creatividad y de la abundancia, y ayudan a las personas a llevar vidas felices y plenas.

Si descubres el número 3 en alguna posición clave de tu tabla, no olvides aprovechar su energía y el arquetipo de la Emperatriz para potenciar tu creatividad, manifestar abundancia, conectar con la naturaleza, mejorar la comunicación, aprovechar las oportunidades de crecimiento, y cultivar la alegría y el optimismo.

EL NÚMERO 3 EN LA ASTROLOGÍA

El número 3 representa el crecimiento, el optimismo y una energía viva que ansía explorar el mundo con entusiasmo y curiosidad. Sagitario y Piscis también se asocian a estos atributos en el zodíaco.

El arquero es precisamente el símbolo de Sagitario, un signo reconocido por su optimismo sin límites, su amor por la libertad y su espíritu aventurero. Al igual que las personas con el número 3 en una posición clave de su tabla, los nacidos bajo este signo suelen ser filosóficos, tener una mente abierta y estar deseosos de descubrir cosas nuevas.

El símbolo de Piscis es el pez, y se asocia con la creatividad, la intuición y una fortísima conexión espiritual. Por lo general, las personas nacidas bajo este símbolo son sensibles, compasivas y muy creativas, rasgos todos ellos que coinciden con las cualidades expresivas e imaginativas del número 3.

Juntas, todas estas correlaciones dibujan la imagen de quienes aspiran a expresarse creativamente y abrazan el viaje de la vida con un optimismo y un asombro mayúsculos.

Si tienes el 3 en alguna posición relevante de tu tabla, estás de suerte: podrás aprovechar las energías combinadas del número y estos signos para mejorar tu vida a través de la aventura y del aprendizaje expresando tu creatividad, manteniendo el optimismo y la apertura mental, equilibrando la libertad y la responsabilidad, fomentando el crecimiento emocional y espiritual, y participando en actividades comunitarias o sociales.

EL NÚMERO 3 Y EL UNIVERSO

Júpiter es el planeta que más suele relacionarse con el número 3, algo que no es de extrañar teniendo en cuenta que ambos hablan de crecimiento, optimismo y expansión. Además, la calidez y vitalidad del número 3 también se reflejan en todos los colores del amarillo, de ahí que despierte sentimientos de alegría, inspiración y optimismo. El número 3 anima a la gente a expresar sus sentimientos, y a abrazar y celebrar la abundancia de la vida, del mismo modo que el cuarzo citrino. Júpiter, el citrino y los tonos amarillos apoyan las cualidades imaginativas, expresivas y gregarias del número 3, e inspiran a las personas a descubrir sus metas y compartir sus dones únicos con el mundo.

Si descubres el 3 en alguna posición clave de tu carta, da el paso de comprometerte activamente con las energías expansivas optimistas asociadas a Júpiter, estudiando para ello su posición en tu tabla y considerando la mejor manera de aprovechar sus cualidades optimistas y orientadas al crecimiento. Luce joyas de citrino o medita con la gema en la mano, y los cristales amplificarán los sentimientos de alegría, inspiración y abundancia. Por último, atrévete y déjate envolver por los amarillos, ya sea vistiéndote en esos tonos o decorando con ellos tu hogar, pues así lograrás crear un entorno en el que se fomenten la creatividad y la positividad.

MANTRA

«Yo construyo.»

PALABRAS CLAVE

Estabilidad, practicabilidad, diligencia, lealtad, organización.

LOS 4 FAMOSOS

Beyoncé, Clint Eastwood, Bill Gates, Margaret Thatcher, Oprah Winfrey.

El número 4 es sinónimo de estabilidad, estructura y sentido práctico. En ese sentido, refleja los sólidos cimientos que se observan en el mundo natural, incluyéndose aquí los cuatro elementos (tierra, aire, fuego y agua) y las cuatro estaciones. Este número se relaciona con rasgos como el trabajo duro, la determinación y la organización, los cuales reflejan el progreso constante y la enorme fuerza de los ciclos de la naturaleza. Si bien quien tiene el número 4 en una posición clave de su tabla suele tener sus puntos fuertes en lo referente a la estructura y la estabilidad, en ocasiones también puede verse obligado a lidiar con cualidades como la rigidez, la terquedad o la resistencia al cambio. No obstante, los 4 más firmes y tenaces pueden ser capaces de superar estos obstáculos simplemente tomando conciencia de sí mismos. Cuando reconocen y afrontan sus defectos, es su capacidad de trabajo duro la que se proclama vencedora.

EL NÚMERO 4 EN LA VIDA DIARIA

Para aquellas tareas que requieren una preparación meticulosa, perseverancia y extrema atención al detalle, los 4 encajan a la perfección. También en las situaciones sociales, los 4 tienen el don de aportar calma y sosiego con su energía confiada, y animan a los de su alrededor a abrazar el trabajo duro, la determinación y el sentido práctico.

Las lecciones que pueden enseñarnos los 4 se basan en la responsabilidad. Así, todo lo relacionado con este número nos ofrece un sentido de seguridad y arraigo, y nos anima a construir nuestras vidas sobre una sólida base de integridad y determinación. El 4 siempre se asocia con la fiabilidad, el autocontrol y la estructura, lo que ayuda a las personas con este número en posiciones clave de su tabla a sentar las bases de su éxito futuro.

EL NÚMERO 4 Y EL TAROT

La cuarta carta de los Arcanos Mayores es la del Emperador, un arquetipo estrechamente relacionado con el número 4. Este emperador acostumbra a representarse sentado en un robusto tronco con un cetro en el brazo. Es la encarnación de la autoridad, la responsabilidad y la creación de orden en el mundo tangible, a la vez que refleja las cualidades de liderazgo, organización y sentido práctico.

El Emperador subraya la importancia de la disciplina, la responsabilidad y la autoridad para alcanzar objetivos y mantener la estabilidad. Al igual que el número 4, apoya un enfoque estructurado hacia la vida, en el que primen el establecimiento de límites sanos y el control de las circunstancias.

Si tienes el 4 en alguna posición clave de tu tabla, no dejes de emplear la energía del número y del arquetipo del emperador para incorporar a tu vida estructura y orden, ejercer liderazgo y autoridad, asumir la responsabilidad de tus actos y cultivar la disciplina y la concentración. Te aseguro que, al alinearte con las energías del 4 y del Emperador, lograrás crear un impacto duradero en el mundo.

EL NÚMERO 4 EN LA ASTROLOGÍA

Tanto Capricornio como Acuario comparten rasgos de practicidad, determinación y un fuerte sentido de la responsabilidad con el número 4.

La cabra marina, símbolo de Capricornio, refleja ambición, disciplina y una fuerte ética de trabajo. Así, los nacidos bajo este signo suelen centrarse en construir una base sólida para sí mismos y para con el resto trabajando duro con el fin de alcanzar sus objetivos con determinación y concentración. Todo ello va en perfecta consonancia con el carácter metódico y fundamentado del número 4, que siempre hace hincapié en la responsabilidad y la estabilidad.

Por su parte, Acuario, representado por el portador de agua, es bien conocido por su pensamiento innovador, humanitarismo y creatividad. Quienes han nacido bajo este signo tienden a ser independientes y progresistas, y a sentirse atraídos por los movimientos que promueven la igualdad y la justicia social. Aun cuando esto podría no parecer una alineación natural al principio, son las cualidades prácticas de los 4 las que los permiten hacer realidad sus sueños de un futuro mejor.

Si tienes un 4 en alguna posición clave de tu tabla, debes saber que puedes establecer un puente entre el número y los signos de Capricornio y Acuario. De esta forma lograrás capitalizar la practicidad y la determinación, abrazar la responsabilidad y la rendición de cuentas, y construir una base sólida para el cambio. Al aplicar estas prácticas en tu vida, lograrás aprovechar eficazmente las energías tanto del número como de los signos del zodíaco que lo complementan.

EL NÚMERO 4 Y EL UNIVERSO

La vibración del número 4 emite estabilidad, orden y sentido práctico. Las personas con el número 4 en posiciones clave de su tabla casi siempre rebosan diligencia, autocontrol y responsabilidad, características que también se ven reflejadas en Saturno, el planeta regente del número. Y es que Saturno también representa el tiempo, la perseverancia y la estructura, y enfatiza la necesidad de disciplina y responsabilidad para alcanzar objetivos a largo plazo.

La energía del número 4 suele combinarse con el jade. Esta piedra preciosa, a menudo conocida como la de la suerte y la riqueza, fomenta la abundancia, el equilibrio y la armonía. Su alineación con Saturno intensifica sus cualidades de enraizamiento y estabilización, y ayuda a mantener la concentración y la perseverancia cuando surgen desafíos.

Todos los tonos de verde coinciden con la frecuencia del número 4, que por norma se asocia con el crecimiento, la armonía y la renovación. Los tonos verdes evocan sentimientos de equilibrio y estabilidad, los cuales ayudan a crear una sensación de inmensa paz y seguridad. Además, este color se hace eco de las características lógicas y arraigadas del número 4, que favorecen la perseverancia y el progreso mediante el esfuerzo concentrado.

Si has encontrado el número 4 en alguna posición clave de tu tabla, te ha llegado el momento de comprometerte activamente con las energías asociadas de Saturno desarrollando una gestión eficaz del tiempo para maximizar la productividad y estableciendo objetivos mensurables. Si decides trabajar con jade, puedes bien meditar con él para conectar con su vibración positiva, bien llevarlo contigo. Por último, también puedes vestir del tono verdoso que más te guste o decorar en esas tonalidades tu espacio para potenciar la sensación de equilibrio, estabilidad y renovación.

MANTRA

«Yo me adapto.»

PALABRAS CLAVE

Libertad, adaptabilidad, aventura, versatilidad, cambio.

LOS 5 FAMOSOS

Angelina Jolie, Abraham Lincoln, Marilyn Monroe, Steven Spielberg, Malcolm X.

El número 5 es la encarnación de la superación de los propios límites, de la inteligencia, de la comunicación, de la curiosidad y de la aventura. Al tiempo, ilustra la constante evolución del mundo natural al reflejar los interminables ciclos de crecimiento, transformación y renovación. El 5, que está intrínsecamente conectado con los cinco sentidos humanos, nos subraya una y otra vez la importancia de vivir la vida al máximo.

Las personas con el número 5 en posiciones clave de su tabla suelen ser aventureras, flexibles, de mente abierta y muy ingeniosas. Del mismo modo, tienden a poseer una habilidad natural que les permite prosperar en una amplísima gama de circunstancias. Así, dominan a la perfección roles que requieren ingenio y rapidez de pensamiento, y rara vez temen acercarse a circunstancias cambiantes. Aunque hay muchas personas que temen el cambio, los 5 lo ven como una oportunidad de crecimiento y descubrimiento.

EL NÚMERO 5 EN LA VIDA DIARIA

A veces, el amor de los 5 por la emoción y la variedad los conduce a un estado de inquietud o falta de concentración, pero su fuerza radica precisamente en su resiliencia y capacidad para adaptarse a las nuevas circunstancias con convicción y facilidad.

Pasivamente, el número 5 se manifiesta a través de la energía creativa del desarrollo y de la transformación que afecta silenciosamente a las situaciones.

Las personas con este número en posiciones clave de su tabla mejoran las experiencias de los demás con su energía aventurera, pues instan a los que las rodean a aceptar el cambio y buscar nuevas oportunidades de crecimiento y descubrimiento.

Las lecciones que nos enseñan los 5 giran en torno a hacer las paces con el cambio. Este número nos invita a aceptar y abrazar las muy diversas experiencias que nos va brindando la vida, a encontrar la emoción en lo desconocido y a mantener la mente abierta y flexible sea lo que sea que nos depare el camino.

EL NÚMERO 5 Y EL TAROT

El Hierofante o Sumo Sacerdote del tarot están estrechamente conectados a través de temas compartidos de transformación personal, guía y exploración espiritual.

Como quinto Arcano Mayor del tarot, el Sumo Sacerdote representa una figura de autoridad que suele mostrarse como un líder religioso o espiritual ataviado con elaboradas túnicas ceremoniales. Es un guía y un maestro, un chamán que transmite las lecciones de la ley natural, lo que lo vincula con esa afinidad del 5 por los ciclos de transformación.

El Sumo Sacerdote se asocia directamente con la tradición, la comprensión espiritual y la búsqueda de significados más profundos. Tanto este arquetipo como el número 5 nos animan incansablemente a buscar orientación en las enseñanzas establecidas y en las autoridades espirituales.

Así, si tienes el número 5 en cualquier posición clave de tu carta, no dudes en comprometerte activamente con las energías arquetípicas del Sumo Sacerdote y del número profundizando en tu viaje espiritual, expandiendo tu conciencia con la meditación y compartiendo tu sabiduría espiritual con los demás.

EL NÚMERO 5 EN LA ASTROLOGÍA

El número 5 representa el carácter aventurero, la capacidad de adaptación y la libertad, cualidades todas ellas que también se reflejan en los signos de Virgo y Géminis.

Los gemelos representan a Géminis, un signo del zodíaco conocido por su curiosidad, su flexibilidad y sus dotes comunicativas. Las personas nacidas bajo este signo acostumbran a ser intelectualmente curiosas, sociables y de ingenio rápido. Del mismo modo, persiguen la emoción y la diversidad en su vida, al igual que el número 5 refleja adaptabilidad y flexibilidad.

Virgo está simbolizado por la Virgen, y las personas nacidas bajo este signo son conocidas por su sentido práctico, su atención al detalle y su enfoque analítico de la vida. Aunque Virgo puede parecer más sensato que Géminis, cuando su energía se fusiona con la del número 5, el resultado es una sensación de versatilidad y adaptabilidad unida al entusiasmo por el cambio y por la posibilidad de explorar nuevos caminos.

Si tienes el número 5 en cualquier posición clave de tu tabla, déjate llevar por las energías asociadas con Virgo, Géminis y el número 5. Tan pronto como te comprometas activamente con la energía sinérgica de estas tres entidades, abrazarás la curiosidad intelectual, cultivarás la flexibilidad y la adaptabilidad, les concederás un lugar importante en tu vida a la diversidad y a la emoción, equilibrarás la practicidad con la exploración, y serás capaz de hallar soluciones prácticas, de comunicarte y de conectar fácilmente con los de tu alrededor.

EL NÚMERO 5 Y EL UNIVERSO

La energía del 5 anima a las personas a ser curiosas y a buscar la estimulación intelectual mientras incansablemente abrazan nuevas experiencias. Mercurio, el planeta que rige la comunicación, la inteligencia y el movimiento, tiene una conexión natural con el número 5. Mercurio mejora la destreza mental y fomenta la comunicación clara, lo que da lugar a nuevos conocimientos y a una exploración valiente e intrépida.

La aguamarina, una piedra conocida por su pacífico tono azul verdoso, está en perfecta armonía con la vibración del número 5, Además, los rasgos naturales de esta gema tan apreciada se ven realzados por su vínculo con Mercurio, que facilita la toma de decisiones y fomenta la claridad mental en los períodos de cambio.

La energía del número 5 se alinea de forma perfecta con los colores azul claro, turquesa y aguamarina, que evocan emociones de apertura, creatividad y tranquilidad. Estos colores transmisores de calma promueven la creatividad, la autoexpresión y las infinitas posibilidades que con tanta facilidad se les presentan a los número 5.

Se pueden dar algunos pasos para fortalecer la conexión entre el número 5, Mercurio, la piedra preciosa aguamarina y todas las tonalidades de azul claro. Mercurio es bien conocido por su impacto en la comunicación, por lo que, cada vez que practiques la escucha activa y te expreses con claridad, te estarás comprometiendo con la influencia de Mercurio. Igualmente, el lucir en ti el aguamarina o el meditar con esta piedra preciosa promoverá la claridad mental e inspirará la exploración intrépida. Incorpora los colores azul claro, turquesa y aguamarina a tu entorno o decántate por vestir en estos tonos para disfrutar de una sensación de calma y tranquilidad. Deja que todas estas influencias te guíen en un viaje de autodescubrimiento, crecimiento y aventura.

MANTRA

«Yo me alimento.»

PALABRAS CLAVE

Compasivo, protector, próvido, responsable, cariñoso.

LOS 6 FAMOSOS

Johann Sebastian Bach, Emily Dickinson, Audrey Hepburn, Christopher Reeve, Eleanor Roosevelt.

El número 6 está imbuido de la energía de la confianza, de la empatía, del cuidado y del equilibrio. Simboliza los rasgos de crianza que se observan en el mundo natural, pues refleja la protección que los padres y tutores ofrecen a sus crías en todos los reinos animales. Las personas con un 6 en una posición clave de su tabla suelen poner un grandísimo énfasis en la familia, la comunidad y el servicio, lo que subraya marcadamente lo cruciales que resultan los lazos sociales y las relaciones para crear armonía y alcanzar el equilibrio en la vida.

En comparación con otros números, los 6 son los más solidarios y empáticos. Se les aprecia por su capacidad para fomentar la paz y la unidad en todo lo que los rodea, y brillan especialmente en aquellas carreras que implican brindar asesoramiento, mostrar credibilidad y prestar ayuda a los demás.

EL NÚMERO 6 EN LA VIDA DIARIA

Las personas con el 6 en una posición clave de su tabla han de saber que, en ocasiones, su énfasis en el cuidado de los demás las torna sobreprotectoras o las hace descuidar sus propias necesidades. Su verdadero poder reside en crear un ambiente seguro y alentador en el que los otros puedan prosperar y florecer.

Su tendencia innata a cuidar y sanar todas las formas de vida naturales es algo que los 6 hacen de forma pasiva, casi incluso sin pensar. La gran mayoría de los 6 ejemplifican con sus actos valores como la empatía, la confiabilidad, la compasión y el amor, pues constantemente crean circunstancias propicias para que los demás puedan prosperar fácilmente. Las lecciones que nos enseña el 6 giran en torno a la importancia de cultivar relaciones, fomentar la empatía y asumir la responsabilidad.

EL NÚMERO 6 Y EL TAROT

El número 6 rebosa compasión, amor y equilibrio, precisamente los mismos temas que se representan en los Enamorados del tarot. La sexta carta de los Arcanos Mayores, los Enamorados, simboliza la unión de los opuestos, como las energías masculinas y femeninas o la fusión pacífica de los opuestos dentro de uno mismo. Tanto la carta como el número representan las relaciones, las elecciones y la interconexión de los individuos. El número 6 fomenta la unidad y se refleja en la unión representada en la carta de los Enamorados. Al igual que los enamorados, el número 6 anima a las personas a tomar decisiones basadas en el amor, la compasión y la armonía. Habla de la importancia de las relaciones, ya sean románticas o platónicas, para alcanzar el equilibrio y lograr la satisfacción de ambas partes.

Si tienes el 6 en cualquier posición clave de tu tabla, recuerda que puedes utilizar las energías asociadas a la carta de los enamorados y al número para cultivar conexiones más profundas en tus relaciones y lograr un mayor equilibrio en tu vida. Hazlo expresando gratitud, siguiendo a tu corazón, fomentando las conexiones amorosas, encontrando el equilibrio interior, practicando la empatía, celebrando la diversidad, equilibrando las conexiones armoniosas, dejando de lado el resentimiento y comunicándote con compasión.

EL NÚMERO 6 EN LA ASTROLOGÍA

El 6 está bellamente alineado con los signos de Tauro y Libra porque los tres se asocian con la armonía, el equilibrio y la energía nutritiva.

Tauro, representado por el toro, es un signo que valora la seguridad, la sensualidad y un estrecho vínculo la Tierra. Las personas nacidas bajo este signo suelen apreciar la estabilidad y la comodidad en sus vidas, y son realistas, fiables y sensatas. Sin duda, esto es coherente con las cualidades cariñosas y nutritivas del número 6. Las escamas simbolizan a Libra, un signo reconocido por su tacto, equidad y enfoque en las colaboraciones. Las personas con Libra como signo solar acostumbran a ser extrovertidas y diplomáticas, y a buscar la armonía tanto en su vida personal como profesional. Puesto que el 6 fomenta el equilibrio y la empatía, permite a los Libra manejar las relaciones con tacto y comprensión.

Los atributos del número 6 quedan mejor representados por Tauro y Libra juntos, pues ambos destacan la importancia de la armonía, del equilibrio y del cuidado en las interacciones interpersonales y sociales.

Con un 6 en cualquier posición clave de tu tabla, aprovecha las energías asociadas con Tauro, Libra y el número 6 para cultivar conexiones más profundas en tus relaciones y promover una mayor armonía en tu vida. Para ello, abraza y acepta la estabilidad y la seguridad, cultiva la colaboración y la diplomacia, prioriza las relaciones y los vínculos, promueve el cuidado personal y el bienestar emocional, y crea a tu alrededor belleza y comodidad.

EL NÚMERO 6 Y EL UNIVERSO

Al encarnar las virtudes de la domesticidad, el amor y la familia, el número 6 insta a las personas a construir relaciones pacíficas y armoniosas. Venus, el planeta que rige el amor, la belleza y el placer, también está intensamente vinculado al número 6. De hecho, su impacto eleva la vibración del 6 y fomenta la expresión creativa, la conexión emocional y un profundo sentido de la belleza.

El cuarzo rosa, a menudo conocido como la piedra del amor incondicional, se alinea con la energía de los número 6. Emite vibraciones que fomentan el perdón, la autoaceptación y la compasión. Y para completar el círculo, las cualidades del cuarzo rosa suelen verse reforzadas por su asociación con Venus, que promueve el amor profundo y una sanación emocional profunda.

La frecuencia del número 6 resuena con los tonos violeta e índigo, que mejoran la intuición y la espiritualidad. Además, estos colores están en armonía con las cualidades amorosas y compasivas del número 6 porque inspiran introspección, equilibrio emocional y un vínculo más estrecho con uno mismo y con los demás.

Si tienes un 6 en cualquier posición clave de tu tabla, sentirás que conectas fácilmente con las energías asociadas a Venus, al cuarzo rosa y a los tonos violeta e índigo, y que gracias a ellas cultivarás conexiones más profundas en tus relaciones y alcanzarás la curación emocional y el equilibrio en tu vida. Para ello, déjate empapar por la belleza y la armonía de lo que te rodea, lleva contigo o medita con una piedra preciosa de cuarzo rosa (que será la que te recuerde la importancia del amor incondicional y de la autoaceptación) y decora tu hogar o viste en tonos índigos o violetas. Ten presente que todas estas acciones serán las que te permitirán aprovechar tu intuición y sabiduría interior.

MANTRA

«Yo busco.»

PALABRAS CLAVE

Perspicaz, intelectual, analítico, introspectivo, espiritual.

LOS 7 FAMOSOS

Princesa Diana, John F. Kennedy, Bruce Lee, Elon Musk, William Shakespeare, Nikola Tesla.

El 7 es otro número cargado de significado en diversas tradiciones espirituales y mitológicas. Por ejemplo, aparece en la geometría sagrada en la semilla de la vida; en la Biblia varias veces, incluyéndose aquí los pecados capitales y el número de días que llevó crear el mundo. También son 7 los chakras del cuerpo, y el 7 está también presente de muy distintas maneras en el islam, en el budismo, en el judaísmo y en el hinduismo. El número 7 suele asociarse a cualidades como la percepción, la intelectualidad, el pensamiento analítico, la introspección y la espiritualidad. Anima a las personas a investigar los secretos de la vida y a perseguir la espiritualidad como medio de iluminación.

Gracias a la amplitud de su punto de vista y a su naturaleza analítica, las personas con el 7 en una posición clave de su tabla suelen ser hábiles a la hora de identificar patrones, ver datos y explorar las profundidades de sus propias mentes. Disponen de una intuición fuerte y de una mente aguda, lo que les permite resolver acertijos complejos y desenterrar secretos.

La mayoría de los 7 se conectan de forma natural con su conocimiento interior y su dirección espiritual, pues gozan de un carácter introspectivo que promueve el crecimiento personal y el autodescubrimiento.

EL NÚMERO 7 EN LA VIDA DIARIA

El número 7 tiene muchas ventajas, pero también entraña sus desafíos. Su inclinación hacia la espiritualidad y la reflexión a veces desemboca en una tendencia a retirarse de la sociedad o a aislarse. De ahí que, para mantener sus vidas en equilibrio, las personas con el 7 en una posición clave de su tabla deban aprender a moderar sus tendencias reservadas.

La presencia pasiva del 7 influirá en las percepciones y en los conocimientos, y apoyará a las personas en momentos de reflexión, contemplación e introspección. De hecho, es este número el que las inspira a reflexionar sobre los misterios de la vida y a sumergirse en su interior.

EL NÚMERO 7 Y EL TAROT

La perseverancia, la tenacidad y el éxito son los motivos comunes compartidos por el Carro del tarot y el número 7. La carta del Carro, que es la séptima de los Arcanos Mayores, muestra a una persona montada en un carro tirado por dos esfinges, lo que significa la victoria sobre los adversarios y el camino hacia la prosperidad. Así como el 7 significa esfuerzos cognitivos, pensamiento crítico y exploración espiritual, el Carro representa la fuerza interior y la resistencia necesarias para superarlos obstáculos y alcanzar las metas.

Tanto el Carro como el número 7 animan a las personas a canalizar su motivación interior y a concentrar sus esfuerzos en un determinado propósito u objetivo. Juntos, representan los valores de autodisciplina y determinación, y fomentan la capacidad de superar las dificultades con fuerza interior y una intención enfocada.

Si el 7 aparece en una posición clave de tu tabla, puedes recurrir a las energías de tenacidad y éxito de la carta del Carro y esforzarte en ver los obstáculos como oportunidades para el desarrollo personal. Emplea tu fuerza interior y tus habilidades de pensamiento crítico para superar los obstáculos con tenacidad y determinación, con la certeza de que cada revés es un paso para acercarte cada vez más a tus metas. Ten fe en tu capacidad para soportar las dificultades, mantén tu curso de acción y deja que tu determinación te conduzca al éxito. Acepta el camino de la introspección y el aprendizaje espiritual, entendiendo que cada acontecimiento en tu vida te hace avanzar hacia tu propio desarrollo.

EL NÚMERO 7 EN LA ASTROLOGÍA

Piscis y Cáncer, ambos signos del agua muy afines entre sí, tienen un vínculo especial con el número 7. Este número se asocia con la contemplación, la espiritualidad y la sabiduría interior, rasgos que también son comunes a ambos signos astrológicos.

Piscis, el empático soñador, resuena con las profundidades del subconsciente, a menudo atraído por los esfuerzos espirituales y los encuentros místicos. Esta espiritualidad complementa la naturaleza introspectiva del 7. De igual manera, Cáncer, guiado por la intuición y la profundidad emocional, encuentra consuelo en cuidar de los demás y explorar las profundidades del alma, lo que refleja la naturaleza de búsqueda de la verdad del 7.

Cuando se combinan, Piscis y Cáncer representan las partes introspectivas e intuitivas del 7, y las personas que pueden aprovechar las energías de los tres serán capaces de navegar hábilmente por las mareas emocionales de la vida.

EL NÚMERO 7 Y EL UNIVERSO

El cristal de amatista, conocido por su capacidad para fortalecer la intuición, promover el crecimiento espiritual y facilitar la meditación profunda, es vibratoriamente similar al número 7. Ambos resuenan con la energía de la introspección, del misticismo y de las exploraciones intelectuales.

Neptuno, el planeta de los sueños, de la intuición y de la mente subconsciente, es el planeta que más se asocia con el número 7. La influencia de Neptuno inspira a las personas a profundizar en su interior y abrazar la búsqueda de significado.

Las tonalidades más comunes vinculadas con el número 7 son el violeta y el morado oscuro, que evocan la iluminación, el conocimiento y la espiritualidad.

Tanto el violeta como el morado despiertan la imaginación, promueven el desarrollo espiritual e inspiran a las personas a aceptar su sabiduría interior y confiar en su intuición.

La vibración, el cristal, el planeta y el color del número 7 trabajan juntos para ayudar a forjar una comprensión más profunda y una conexión con el universo.

Si tienes el 7 en cualquier posición clave de tu carta, puedes conectar con las energías vinculadas al cristal de amatista, a Neptuno y a los colores violeta y morado oscuro para profundizar en tu conexión con el universo y mejorar tu viaje espiritual. Al meditar con esta piedra preciosa o lucirla entre tus joyas, aprovecharás mejor tu intuición y lograrás una meditación más profunda. Incorpora en tu vida los colores violeta y morado oscuro para cultivar tu conciencia espiritual y potenciar tu inspiración creativa. Permite que todas estas influencias te guíen mientras exploras los misterio del universo y descubres las verdades ocultas de tu alma.

NÚMERO 8

MANTRA

«Yo manifiesto.»

PALABRAS CLAVE

Abundancia, ambición, logro, autoridad, éxito.

LOS 8 FAMOSOS

Amelia Earhart, Henry Ford, Stephen Hawking, Nelson Mandela, Martha Stewart.

En el mundo natural, por su diseño simétrico y su bucle infinito, el 8 se asocia frecuentemente a los conceptos de equilibrio e infinito. Los patrones del 8 aparecen en las vainas de las semillas en las telarañas y en los copos de nieve, y se hacen eco en muchas formas de vida y materia. Las propiedades geométricas de este número le confieren estabilidad, simetría y resiliencia.

El poder del número 8 reside en su enfoque práctico y disciplinado respecto del trabajo, que se une a su inquebrantable impulso para alcanzar objetivos. Las personas con un 8 en una posición clave de su tabla suelen ser líderes natos capaces de manejar situaciones difíciles a través de su capacidad de decisión y su pensamiento estratégico. Con frecuencia, las impulsa el deseo de triunfo y realización, y tienen un fortísimo sentido de la responsabilidad.

Pese a sus fortalezas, los 8 también pueden tender peligrosamente a la adicción al trabajo, y a menudo conceden una importancia demasiado grande al beneficio económico que va en detrimento de su bienestar.

Además, su carácter autoritario puede dar lugar a procesos de pensamiento inflexibles y rígidos.

EL NÚMERO 8 EN LA VIDA DIARIA

El foco que pone el número 8 en la abundancia, la ambición y la autoridad se manifiesta tanto activa como pasivamente en diversos contextos. Despierta objetivos en las personas, lo que les otorga un sentido de autoridad y liderazgo, y, al tiempo, las empuja activamente hacia la victoria y la consecución de sus logros.

Las tres enseñanzas clave del número 8 son el equilibrio, la perseverancia y la disciplina. Este número está impregnado de ambición y prosperidad, y las personas que tienen cartas llenas de 8 suelen cosechar grandes éxitos. Esta cualidad admirable en ocasiones también puede írseles de las manos, por lo que corren el riesgo de caer en una compulsión por trabajar u obsesión por acumular riqueza.

La vibración del número 8 es de fuerza y manifestación, de ahí que inspire a las personas a tomar el control de sus vidas y a desarrollar su potencial innato.

EL NÚMERO 8 Y EL TAROT

Tanto en el tarot como en la numerología, el número 8 está estrechamente vinculado a temas de fuerza, resiliencia y poder interior. La octava carta de los Arcanos Mayores, la Fuerza, representa a una figura que está dominando a un león con un control amable pero firme, lo cual simboliza el dominio de los instintos primarios y la capacidad de superar los desafíos mediante el coraje y la resiliencia anterior. Así, esta carta invita a las personas a aprovechar su fuerza interior, paciencia y compasión para superar los obstáculos que se presentan en la vida con gracia e integridad, una guía que también nos proporciona el 8.

La capacidad de ejercer el poder con sabiduría se enfatiza fuertemente tanto en la carta de la Fuerza como en el número 8. Ambos animan a las personas a encarar los desafíos y a mirarlos de frente con aplomo y confianza.

Si tienes el 8 en cualquier posición clave de tu carta, aprovecha las energías relacionadas tanto con la carta de la Fuerza del tarot como con el número para afrontar los desafíos y alcanzar el éxito en tu vida. Comprométete activamente con estas energías cultivando la fuerza interior, aceptando la adversidad, practicando la confianza en ti mismo, ejerciendo la paciencia y la compasión, y practicando la atención plena. Aprovecha todo tu poder personal estableciendo intenciones claras, tomando medidas y buscando continuamente la orientación y el apoyo en el contacto con mentores.

EL NÚMERO 8 EN LA ASTROLOGÍA

Los signos vecinos del zodíaco, Capricornio y Acuario, están en sintonía con la poderosa energía del número 8. Ambos tienen que ver con la autoridad, la ambición y la innovación.

Capricornio, el triunfador disciplinado, encarna a la perfección el enfoque estructurado del éxito a menudo asociado con el número 8. Regido por Saturno, el planeta de la responsabilidad y de la disciplina por excelencia, Capricornio asciende con entusiasmo la escalera del éxito bajo la dirección de un sentido de propósito, lo cual refleja la ambición y la autoridad del número 8.

Por otro lado, el espíritu creativo y la extraordinaria visión de la vida de Acuario ofrecen una perspectiva diferente de la energía del 8. Acuario siempre aspira a romper el *statu quo* actual superando los límites y aceptando el cambio, bajo la guía de Urano, el planeta de la rebelión y del progreso.

Capricornio y Acuario trabajan juntos para forjar sus caminos hacia la prosperidad y el avance de la sociedad empleando la poderosa fuerza del 8.

Si tienes un 8 en cualquier posición clave de tu tabla, no dejes de aprovechar las energías asociadas tanto con Capricornio como con Acuario para cosechar éxitos y contribuir significativamente a la sociedad. Para utilizar estas energías, adopta la estructura y la disciplina fijándote unos objetivos bien definidos, cultivando la determinación y la ambición, manteniéndote centrado en dichos objetivos, y aceptando con agrado el cambio y la innovación con una forma abierta de pensar. Al integrar las energías de Capricornio y Acuario, podrás aprovechar la potente fuerza del número 8 para alcanzar tus metas, ejercer un impacto positivo en la sociedad y dejar un legado duradero de éxito e innovación.

EL NÚMERO 8 Y EL UNIVERSO

Saturno, el planeta regente del número 8, también se asocia con la responsabilidad, el orden y las lecciones kármicas. Su impacto eleva la vibración del número 8, y promueve el autocontrol, la perseverancia y la consecución de objetivos a largo plazo.

La turmalina negra, una piedra preciosa protectora, conecta con la energía del 8 y la amplifica. Elimina la energía negativa al tiempo que favorece la fuerza interior y la resiliencia. Asimismo, las propiedades de la turmalina negra se intensifican a través de su relación con Saturno; la piedra proporciona estabilidad y protección durante momentos difíciles o de transición.

Los colores marrón claro y negro resuenan con la frecuencia del número 8, y despiertan sentimientos de estabilidad, fuerza y anclaje. Además, estos colores combinan bien con las cualidades autoritarias y ambiciosas del número 8, y animan a las personas a tomar el control de sus vidas, a ser más prácticas y a mantenerse firmes en su confianza.

Si tienes el 8 en cualquier posición clave de tu tabla, conecta con las energías asociadas con Saturno, la turmalina negra y los colores marrón claro y negro. Saturno rige los temas de responsabilidad, disciplina y estructura. Al aprovechar estas energías, podrás establecer límites apropiados cuando sea necesario y practicar la gestión del tiempo. Busca la estabilidad y la protección incorporando la turmalina negra a tu entorno y rodeándote de los colores marrón claro, gris y negro.

MANTRA
«Yo sirvo.»

PALABRAS CLAVE
Humanitario, transformador, culto, filántropo, armonioso.

LOS 9 FAMOSOS
Jim Carrey, Bob Marley, Elvis Presley, Madre Teresa.

El número 9 representa una compleja red de valores profundos, como son la finalización de ciclos, la plenitud de la vida y la interconexión de todos los seres vivos. Este número lleva mucho tiempo asociándose con el despertar espiritual y la iluminación, lo que se traduce en el fin de la exploración interna y el logro de un nivel superior de comprensión. Habla de totalidad, de unidad y de amor universal.

Las personas con el número 9 en posiciones clave de su tabla están fuertemente comprometidas con los problemas humanitarios y se sienten motivadas por el deseo de mejorar la sociedad y reducir el sufrimiento. Resultan inigualables en su capacidad para promover la paz en las relaciones interpersonales y las comunidades porque son ejemplos vivos de colaboración y unidad.

Pese a que el número 9 tiene muchas ventajas, también puede desencadenar luchas internas. Su fuerte perspectiva idealista a veces eclipsa la dureza de la realidad, lo que lleva a los 9 a ignorar importantes señales de advertencia.

Por suerte, el poder definitivo del 9 proviene de su capacidad para inspirar un cambio positivo y una sociedad más compasiva y pacífica.

EL NÚMERO 9 EN LA VIDA DIARIA

Con frecuencia, el número 9 se manifiesta en forma de gestos humanitarios, esfuerzos transformadores y resoluciones armoniosas. Sus lecciones tratan sobre el comportamiento empático, el altruismo y la aceptación del cambio. Las vibraciones de este número animan a las personas a aceptar nuevos comienzos y dejar atrás el pasado.

Sin embargo, como consecuencia de su carácter pasivo, las personas pueden volverse complacientes o recurrir al escapismo para evitar enfrentarse a situaciones comprometidas o disputas. El altruismo, la compasión y la flexibilidad son algunas de sus mejores cualidades, si bien el abandono de sí mismas y la evasión de responsabilidades representan el lado oscuro de este número. Al final, el 9 inspira a las personas a estar a la altura de las mayores aspiraciones de la humanidad y a trabajar por un estilo de vida más pacífico e ilustrado.

EL NÚMERO 9 Y EL TAROT

Existe una gran afinidad entre la carta del Ermitaño y el número 9, pues ambos representan la introspección, la sabiduría y la iluminación espiritual. El Ermitaño, que es la novena carta de los Arcanos Mayores, muestra a un hombre solitario en lo alto de una montaña con una lámpara en la mano. Esta obra simboliza el camino aislado de la autorrealización y la búsqueda de la verdad interior, similar al poder transformador del 9.

Tanto el Ermitaño como el número 9 destacan el valor de la introspección y del aislamiento como medios para alcanzar una visión y una comprensión profundas. Al igual que el Ermitaño se retira del mundo para explorar las profundidades de la espiritualidad, el número 9 invita a la gente a aceptar la sabiduría obtenida a través de la introspección. Así, cuando se combinan, ambos representan un camino de autoexploración que conduce a una mayor comprensión, compasión y a la armonía con el universo.

Si tienes el 9 en cualquier posición clave de tu tabla, aprovecha su energía y la del Ermitaño aceptando períodos de reflexión y reclusión, y concediéndote el tiempo y el espacio necesarios para profundizar en tu mundo interior. La meditación, el llevar un diario y las prácticas contemplativas podrán ayudarte a conectar con tu conocimiento interior y tu intuición. También podrá resultarte útil buscar mentores o líderes espirituales que te proporcionen dirección y aliento en tu camino de autodescubrimiento. Y, ante todo, no olvides seguir tu intuición y tu dirección a medida que vayas recorriendo el camino hacia la iluminación espiritual y el desarrollo personal.

EL NÚMERO 9 EN LA ASTROLOGÍA

Aunque lo hacen de formas muy diferentes, Aries y Escorpio trabajan en armonía con el número 9. Aries, el primer signo del zodíaco, representa las cualidades de audacia, independencia e iniciativa. La energía vanguardista de este signo también se refleja en el 9, que evoca la transición, el final de los ciclos y la ambición necesaria para emprender nuevas aventuras.

Por otro lado está Escorpio, que se relaciona con la transformación, la profundidad y la intensidad. Puesto que el 9 representa la iluminación y la armonía, se trata de una buena combinación para el impulso de Escorpio de explorar los secretos de la vida. Con frecuencia, el camino de autodescubrimiento de Escorpio resulta en cambios, reflejo de las cualidades transformadoras del 9. En ambos casos, el número 9 sirve como símbolo de crecimiento, progreso y culminación de experiencias, y se hace eco del espíritu aventurero de Aries y del viaje transformador de Escorpio.

Si tienes el 9 en cualquier posición clave de tu tabla, puedes aprovechar activamente sus energías integrando las cualidades de Aries y Escorpio en tu vida. De Aries, adopta las cualidades de audacia, independencia e iniciativa. Emplea la energía innovadora de Aries para alimentar tu ambición y emprender nuevas aventuras sin miedo. Toma el mando en la búsqueda de tus metas y aspiraciones, y no tengas miedo de salir de tu zona de confort para explorar nuevas oportunidades. De Escorpio, aprovecha las energías de transformación, profundidad e intensidad. Permítete adentrarte en tu mundo interior y explorar los misterios de la vida con curiosidad y determinación. Acepta el proceso de autodescubrimiento y mantente abierto a los cambios y al crecimiento significativos a lo largo del camino.

EL NÚMERO 9 Y EL UNIVERSO

Las cualidades de anclaje y estabilización del jaspe rojo ayudan a armonizarlo con la energía transformadora presente en el número 9. Ambos fomentan la fuerza interior y la valentía en tiempos de cambio.

Marte, el planeta de la actividad, de la energía y de la asertividad, combina a la perfección con la visión de futuro y con el ambiente enérgico del 9. La influencia planetaria de Marte inspira a las personas a perseguir sus objetivos con determinación y pasión, lo que refleja el compromiso del número 9 con los proyectos revolucionarios y las causas humanitarias.

La acción y la pasión de la naturaleza dinámica de Marte y del 9 funcionan a la perfección con el rojo oscuro, granate y carmesí, todos ellos tonos que simbolizan la energía y la determinación.

Si tienes el 9 en cualquier posición clave de tu tabla, puedes utilizar activamente las energías del jaspe rojo, de Marte y de los colores dinámicos del rojo oscuro, granate y carmesí para mejorar tu sentido de fuerza interior, valentía y determinación. Lleva o usa jaspe rojo para anclar y estabilizar tu energía durante momentos de cambio y transformación. Ante todo, permite que sus propiedades de conexión a tierra te proporcionen el coraje y la resistencia necesarios para superar los desafíos con elegancia y confianza. Integra la energía de Marte para avanzar con decisión hacia tus objetivos, reflejando el compromiso con los proyectos creativos y las causas humanitarias asociadas con el número 9. Rodéate de los colores dinámicos del rojo oscuro, granate y carmesí para invocar sentimientos de energía y determinación. Incorpora estos colores en tu entorno a través de la ropa o la decoración para mejorar tu sentido de motivación e impulso.

¿DÓNDE ESTÁ EL NÚMERO 10?

Muy pronto aprenderás a realizar cálculos numerológicos, pero antes debes entender por qué en este capítulo no hay una entrada para el 10. La numerología se centra en los dígitos del 1 al 9 y en los tres números maestros 11, 22 y 33. La mayoría de los cálculos se realizan sumando los números de un nombre o de una fecha hasta que quedan reducidos a un solo dígito. Así, 10 es 1 + 0 = 1.

Si aún te resulta confuso, no te preocupes. Irás comprendiendo todo mejor en los próximos capítulos.

MANTRA

«Yo inspiro.»

PALABRAS CLAVE

Intuitivo, inspirador, espiritual, sensible, influyente.

LOS 11 FAMOSOS

Bill Clinton, Michael Jordan, Barack Obama, príncipe Guillermo.

El número maestro 11 simboliza la armonía y el equilibrio en el mundo natural, y significa la unión de los opuestos y el potencial de alcanzar la iluminación espiritual. Este número se entiende como un puente que conecta los mundos espiritual y material (te recuerdo rápidamente que los números maestros se consideran los rasgos casi completados y plenamente realizados de los dígitos individuales a los que se suman; en este caso, el número 2).

Debido a la profundidad de la resonancia espiritual del número maestro 11, a su capacidad ingente de inspirar y a su vínculo con las habilidades intuitivas, las personas con el 11 en una posición clave de su tabla suelen ser perceptivas y a menudo sirven como faros de luz para los otros que están recorriendo un camino espiritual. Su sensibilidad les permite conectarse con las personas de un modo íntimo y empático, lo que inspira un cambio y un crecimiento positivos. Además, su capacidad para activar a los que las rodean creando sentimientos de unidad y propósito las hace muy influyentes.

Sin embargo, en ocasiones, esta mayor sensibilidad puede llegar a provocarles sobrecarga emocional o dudas, lo que les dificulta mantener el equilibrio. Aun así, la conciencia espiritual y las habilidades intuitivas de los 11 siguen siendo poderosos activos que los conducen a ellos y a los demás hacia la iluminación y hacia una comprensión más profunda.

EL NÚMERO 11 EN LA VIDA DIARIA

Los aspectos intuitivos, inspiradores y espirituales del número 11 se manifiestan de forma sutil, como eventos sincronizados, epifanías y empujones inesperados del universo. En acción, quienes tienen este número en una posición clave de su carta inspiran a otros con sus ideas visionarias, su orientación y su sabiduría espiritual.

Las enseñanzas del número maestro 11 se centran en aceptar el desarrollo espiritual, aprender a liderar y encauzar para lograr una mayor concienciación. Para muchos expertos, se trata del número más intuitivo de todos, y es el que suele aparecer en las tablas de las personas que cuentan con un poder imaginativo increíble. Sin embargo, sus defectos a veces se manifiestan en forma de escapismo, inseguridad o incluso tendencia a un idealismo poco práctico.

EL NÚMERO 11 Y EL TAROT

Los conceptos de verdad, justicia y equilibrio son compartidos por el número maestro 11 y la carta de la

Justicia del tarot. La undécima carta de los Arcanos Mayores, la carta de la Justicia, está representada por una figura que sostiene una balanza. Significa la necesidad de imparcialidad y de toma de decisiones éticas. Del mismo modo, el número 11 representa la búsqueda de la iluminación y de la verdad.

Tanto la Justicia como el número maestro 11 subrayan la importancia de la integridad y de la responsabilidad. Ambos instan a las personas a esforzarse por lograr el equilibrio en sus acciones y decisiones, y les recuerdan que cada elección conlleva consecuencias. Además, y cuando surgen dificultades, los dos animan a las personas a recurrir a su sabiduría e intuición internas.

Si tienes el 11 en cualquier posición clave de tu tabla, empieza a asimilar las energías de la carta de la Justicia y del número maestro buscando la verdad y la claridad, realizando elecciones éticas, practicando la equidad y alineándote con las leyes universales. Al integrar estos principios en tu vida, podrás aprovechar las poderosas energías del número maestro 11 y de la carta de la Justicia para gozar de un camino de iluminación, de integridad y de una vida equilibrada.

EL NÚMERO 11 EN LA ASTROLOGÍA

El número maestro 11 está vinculado a Acuario y Piscis porque los tres comparten las cualidades de una mayor conciencia espiritual, habilidades intuitivas y pensamiento visionario.

El signo humanitario del zodíaco, Acuario, representa los principios de armonía y progreso, y con frecuencia está motivado por el pensamiento creativo y el deseo de llevar a cabo un cambio social constructivo. La capacidad de Acuario para ver más allá de lo establecido y crear nuevas oportunidades para la humanidad se amplifica con la energía del 11.

Del mismo modo, Piscis, el soñador empático, está muy en sintonía con los cambios emocionales del universo. Bajo la influencia del número maestro 11, Piscis incrementa su profundidad y sensibilidad espirituales, lo que puede conducir a profundas conexiones con lo divino y a la capacidad de dirigir la creatividad y la compasión hacia empresas transformadoras. Si tienes el 11 en cualquier posición clave de tu tabla, utiliza las energías de Acuario y Piscis, combinadas con el número maestro, para aprovechar su intuición, perseguir objetivos humanitarios, adoptar el pensamiento creativo, establecer límites adecuados, y buscar el conocimiento y el crecimiento. Al integrar estas prácticas, podrás utilizar las poderosas energías de Acuario, de Piscis y del número maestro 11 para mejorar tu viaje espiritual, contribuir al bien común y hacer realidad tus ideas visionarias.

EL NÚMERO 11 Y EL UNIVERSO

El fuerte vínculo con los planos superiores de la conciencia se refleja en la frecuencia del número maestro 11. Resulta curioso que Urano, el planeta de la invención, de la rebelión y del cambio repentino, se correlaciona con la energía y el pensamiento inconformista del 11, e inspira a las personas a abrazar su individualidad y provocar el cambio.

La plata, un color que simboliza la intuición, el misterio y la introspección, armoniza con las elegantes cualidades del 11, y sugiere un sentido de claridad y apertura a la guía espiritual.

La labradorita, una piedra preciosa conocida por sus tonos iridiscentes y sus propiedades intuitivas, resuena con la sabiduría intuitiva del 11, mejora las habilidades psíquicas y favorece el desarrollo espiritual.

Juntos, la influencia planetaria de Urano, el color plateado y la labradorita forman una combinación armoniosa que amplifica la vibración del número maestro 11, y permite a las personas acceder a su guía interior y hacer realidad sus elevadas ideas.

Si tienes el 11 en cualquier posición clave de tu tabla, emplea activamente las influencias de Urano, del color plateado y de la labradorita para mejorar tus habilidades intuitivas, abrazar tu individualidad y provocar un cambio significativo. Aprovecha la energía del planeta Urano para pensar de un modo innovador y adoptar su perspectiva única. Rodéate de plata o llévala entre tus joyas para eliminar tu ruido mental, y promover la introspección y la autorreflexión. Anímate a llevar o a usar labradorita cristalina para amplificar tus habilidades intuitivas e impulsar tu desarrollo espiritual.

NÚMERO MAESTRO

22

MANTRA
«Yo lidero».

PALABRAS CLAVE
Visionario, ambicioso, práctico, maestro, estratega.

LOS 22 FAMOSOS
Richard Branson, 14.º Dalai Lama, Paul McCartney, Matthew McConaughey, Dale Earnhardt.

El número maestro 22 amplifica la ambición, el sentido práctico y el pensamiento estratégico. Se trata de un número con un potencial extraordinario. En la naturaleza, el 22 aparece de muchas maneras, a menudo reflejando patrones de equilibrio, simetría y completitud. Un ejemplo clásico lo encontramos en la estructura del ADN humano, que consta de 22 pares de cromosomas.

Las personas con el 22 en una posición clave de su tabla son capaces de pensar de una forma creativa y estratégica, y pueden hacer realidad ideas grandes y de gran alcance con inmensa precisión y un sentido práctico. Esto es justamente lo que permite a los 22 manejar oportunidades y recursos de manera efectiva, incluso en circunstancias complejas.

Aunque son muchos los aspectos positivos que se asocian con el número maestro 22, su intensa presión por sobresalir también puede plantearles algunos desafíos. Su búsqueda incesante de la perfección a veces puede llevarlos a sentirse abrumados o agotados por tratar de satisfacer sus altísimas exigencias al precio que sea. Sin embargo, las ventajas del número maestro 22 superan con creces sus desventajas, lo que lo convierte en una fuente de inspiración para aquellos que tienen el coraje de soñar en grande y perseguir sus objetivos con una dedicación inquebrantable.

EL NÚMERO 22 EN LA VIDA DIARIA

Este número otorga a las personas un sentimiento de potencial visionario y conocimiento práctico. Por norma, se muestra de una forma sutil pero persistente. Para las personas con el 22 en una posición clave de su tabla, fomenta las aventuras audaces y la preparación calculada. Así, el número las ayuda a alcanzar sus metas y aspiraciones más altas. Su vibración está en sintonía con las fuerzas de transformación y el éxito a largo plazo, de ahí que inspire a las personas a abrazar sus visiones internas y a perseguir sus objetivos con determinación y una visión estratégica.

El lado oscuro del número maestro 22 puede tomar la forma de una ambición excesiva o de una tendencia al perfeccionismo extremo, lo que hace que quienes lo tienen asuman más de lo que pueden manejar o se vuelvan demasiado exigentes consigo mismas. De este modo, no hay duda de que el número maestro 22 es muy prometedor para el progreso individual y social porque combina una fuerte dosis de conocimiento práctico, pensamiento imaginativo y poder transformador.

EL NÚMERO 22 Y EL TAROT

La carta del Loco en el tarot es el símbolo de la inocencia, de los nuevos comienzos y del viaje del alma. La vigésimo segunda carta de los Arcanos Mayores muestra a un joven despreocupado que lleva una bolsa pequeña con la que representa el comienzo de un viaje, libre de las cargas de las expectativas o de las experiencias previas. Se trata de una carta poderosa que encarna un sentido de espontaneidad, curiosidad y confianza en la guía del universo.

El Loco adquiere aún mayor importancia cuando se conecta con el número maestro 22, que significa el inicio de una búsqueda espiritual hacia la iluminación y la maestría. Este número hace resaltar el potencial del Loco, e inspira a las personas a abrazar sus visiones internas y a dar un paso intrépido y lleno de fe hacia lo desconocido.

Si tienes el 22 en cualquier posición clave de tu tabla, puedes aprovechar las energías combinadas de la carta del Loco y del número maestro y dar pasos audaces para mantener la mente abierta, confiando en el universo, siguiendo tu intuición y practicando la atención plena, aprovechando tu visión interior y soñando en grande.

EL NÚMERO 22 EN LA ASTROLOGÍA

Dado que el número maestro 22 refleja ambición, maestría y una fuerza transformadora, es natural que esté estrechamente vinculado a Capricornio y a Escorpio.

El signo de Capricornio, que representa la ambición, el autocontrol y el sentido práctico, complementa el afán de este número por lograr éxitos medibles y logros duraderos en el tiempo. Al igual que sucede con la energía del 22, las personas nacidas bajo el signo de Capricornio suelen estar motivadas por un fuerte deseo de superación, de ahí su disposición a trabajar duro para alcanzar sus objetivos.

Por el contrario, Escorpio se asocia con la intensidad, la profundidad y la transformación. Las personas nacidas bajo este signo suelen recurrir a la introspección para alcanzar su máximo potencial. El número maestro 22 potencia la capacidad natural de Escorpio para conseguir una transformación personal, e inspira a las personas a aprovechar su fuerza interior y hacer realidad sus mayores deseos.

Si tienes el 22 en cualquier posición clave de tu tabla, puedes utilizar las energías combinadas de Capricornio y Escorpio para lograr un éxito extraordinario y tu transformación personal. Para aprovechar la energía de Capricornio, tendrás que aumentar tu ambición y sentido práctico estableciendo objetivos claros y comprometiéndote a trabajar duro. Integrar y utilizar la energía de Escorpio requiere que aproveches el poder transformador aceptando el cambio y sumergiéndote profundamente en la introspección. Al integrar la naturaleza ambiciosa y práctica de Capricornio con las cualidades transformadoras e intensas de Escorpio, y canalizar la energía magistral del número 22, podrás cosechar un éxito significativo y duradero.

EL NÚMERO 22 Y EL UNIVERSO

Plutón, el planeta que se asocia con la transformación profunda, se corresponde con el poder transformador del 22, que conduce a las personas hacia el crecimiento personal significativo y la regeneración.

La frecuencia del número maestro 22 se armoniza con el lapislázuli, una piedra preciosa de color azul brillante muy querida por mejorar la intuición, la sabiduría y la perspicacia espiritual.

El color dorado simboliza la abundancia, el éxito y la iluminación divina, y se hace eco de las cualidades de logro, ambición y maestría del 22. Plutón, el lapislázuli y el oro se combinan para crear una sinergia armoniosa que eleva la vibración del número 22 y permite a las personas aceptar la transformación, conectar con su sabiduría interior y hacer realidad sus mayores deseos.

Si tienes el 22 en cualquier posición clave de tu tabla, puedes aprovechar activamente las energías transformadoras de Plutón, del lapislázuli y del oro para impulsarte hacia un crecimiento y logro personal significativos. Cuando aceptes plenamente el poder transformador de Plutón, podrás liberarte del pasado y aprovechar tu poder interior con mayor facilidad. Anímate a lucir el lapislázuli entre tus joyas o a llevar siempre contigo un trozo de esta piedra no sólo para que te ayude a profundizar en tu intuición, sino también a desbloquear conocimientos espirituales y a calmar tu mente. Y además, si incorporas el color dorado o joyas de oro, alcanzarás mejor el éxito que persigas en tu vida y sabrás percibir la luz que alumbra tu camino.

MANTRA

«Yo enseño.»

PALABRAS CLAVE

Docente, compasivo, sabio, creativo, influyente.

LOS 33 FAMOSOS

Thomas Edison, Albert Einstein, Stephen King, John Lennon, Meryl Streep.

El número maestro 33 simboliza la cima de la iluminación espiritual y la capacidad de transmitir sabiduría divina y amor incondicional en la vida cotidiana. Se considera el número con más autoridad, incluso en comparación con los otros números maestros 11 y 22, porque es la suma de ambos números. Las personas con el 33 en posiciones clave de su tabla asumen el papel de maestro o guía espiritual.

Los números maestro 33 están dotados de un profundo sentido de la creatividad, del conocimiento y de la compasión. En general, están llamados a guiar y orientar a otros, e inspiran siempre una transformación y un crecimiento positivos. Estas personas excepcionales son a su vez poderosos líderes y sanadores en sus comunidades por su capacidad de profunda empatía y consejo amoroso.

EL NÚMERO 33 EN LA VIDA DIARIA

El número maestro 33 se manifiesta de forma pasiva como una influencia sutil pero profunda, e inculca en las personas el deseo de encontrar un camino hacia un servicio superior.

Cuando se pone en práctica, este número fomenta los actos de altruismo, tutoría y expresión creativa, y guía a las personas hacia el cumplimiento del propósito de su vida como maestros y sanadores.

Los valores de sabiduría, compasión y altruismo son fundamentales para las enseñanzas del 33, que animan a las personas a vivir como manifestaciones de lo divino. De hecho, su vibración invita a la gente a utilizar sus habilidades en beneficio de la humanidad.

Sin embargo, las trampas asociadas con el 33 pueden tomar la forma de martirio o autosacrificio, que aparecen cuando las personas ponen sus propias necesidades en último lugar en su esfuerzo por servir a los demás. Esto puede dar lugar a amargura o fatiga.

EL NÚMERO 33 Y EL TAROT

Existe una fuerte correlación entre el número maestro 33 y la carta del tarot del Mundo. Esta carta refleja la energía expansiva y transformadora del 33, que representa la plenitud, la realización y la iluminación espiritual. El Mundo resume el final de un viaje, cuando alguien ya ha integrado sus experiencias y ha alcanzado la maestría.

La carta del Mundo también representa la totalidad y la unidad, lo que concuerda plenamente con la fuerza unificadora y el brillante ejemplo de amor divino del 33. Así, la carta y el número trabajan juntos para animar a las personas a vivir los valores de la compasión y la realización espiritual mientras recorren el camino de la autoconciencia.

Si tienes el 33 en cualquier posición clave de tu tabla, puedes involucrarte activamente con la energía del número maestro y el simbolismo de la carta del Mundo en tu vida diaria. La mejor manera de incorporar la influencia del 33 y de la carta del Mundo es tomándote un tiempo para reflexionar sobre el viaje y celebrando tus logros. También puedes cultivar la compasión y la unidad al servir a la humanidad y practicar la compasión. Por último, permítete encarnar el desarrollo espiritual, profundizando en tu práctica espiritual y viviendo tu verdad.

EL NÚMERO 33 EN LA ASTROLOGÍA

El número maestro 33 resuena profundamente con los signos del zodíaco Sagitario y Piscis, porque ambos se alinean con sus cualidades expansivas y compasivas. De hecho, la actitud aventurera e intelectual de Sagitario refleja a la perfección las cualidades idealistas e imaginativas del número maestro 33. Los signos solares de Sagitario pueden expresar los objetivos del 33 de expandir el conocimiento, desarrollarse espiritualmente y crear un impacto positivo en el mundo.

Del mismo modo, la energía amorosa y compasiva del 33 está en armonía con Piscis, el signo de la empatía, de la intuición y de la conexión espiritual. El profundo sentimiento de inventiva creativa que acompaña a las cualidades de enseñanza, compasión y curación de este número maestro se observa a menudo en los nacidos bajo el signo de Piscis.

Si el número 33 ocupa cualquier posición clave de tu tabla, siempre puedes aprovechar activamente las cualidades expansivas y compasivas del número maestro en alineación con las energías de Sagitario y Piscis. Hazlo abrazando conscientemente la expansión y el idealismo, buscando el conocimiento y la sabiduría, y pensando en grande y soñando con audacia. En general, Sagitario encarna las energías de la aventura, del optimismo y de la exploración filosófica, mientras que Piscis representa la sensibilidad, la intuición y la expresión creativa. A pesar de sus diferencias, ambos signos comparten una profunda conexión con la espiritualidad y un deseo de crecimiento y comprensión en el mundo.

EL NÚMERO 33 Y EL UNIVERSO

La vibración del número maestro 33 es de sabiduría, iluminación espiritual y altruismo. Esta vibración se corresponde con el cuarzo transparente, una piedra preciosa apreciada por su pureza y cualidades de amplificación. El cuarzo transparente también mejora la claridad mental, la perspicacia espiritual y las habilidades curativas.

Júpiter, el planeta que rige a Sagitario y está vinculado al desarrollo y a la expansión, armoniza con la energía expansiva del 33, e inspira a las personas a desarrollar su potencial espiritual y a difundir la positividad. El énfasis del número maestro 33 en la iluminación y en la compasión está en consonancia con el color blanco, que es símbolo de pureza, espiritualidad y amor incondicional.

Júpiter, el cuarzo transparente y el blanco trabajan en armonía para elevar la frecuencia del número maestro 33 y permitir a las personas disfrutar de vidas repletas de altruismo, bondad y un amor ilimitado.

Si tienes el 33 en cualquier posición clave de tu tabla, puedes participar activamente con la energía del número maestro, Júpiter, el cuarzo transparente y el color blanco. Puesto que Júpiter está asociado con la expansión y el crecimiento, alinéate con su energía buscando activamente oportunidades para el desarrollo personal y espiritual. Incorpora el cuarzo transparente en tus prácticas espirituales diarias e incluso medita con él para mejorar tu claridad mental o llévalo puesto para que te proporcione energía curativa a lo largo del día. También puedes mejorar tu práctica llevando blanco, rodeándote de este tono o usando velas blancas para tener un recordatorio visual de la pureza, la espiritualidad y la luz divina.

CERO: EL NÚMERO INCLUSIVO

Aunque el 0 no puede ser un número básico, siempre aparece en momentos significativos de nuestras vidas, lo que significa que también tiene su lugar en la numerología. El número 0 tiene un profundo significado como punto de partida y puerta de acceso a un sinfín de posibilidades. A diferencia de otros números, el 0 representa el espacio vacío, el potencial a partir del cual se generan todos los demás números. Así, contiene las energías de todo el resto de los números en su vibración, que resultan en pura potencialidad.

Fundamentalmente, el número 0 representa la completitud, la totalidad y el ciclo interminable de la creación y la manifestación. Por tanto, simboliza los ciclos infinitos de la vida, de la muerte y del renacimiento; el principio y el fin; y el alfa y el omega. De este modo, el 0 actúa como un recordatorio constante de cómo todo se interrelaciona y de la manera en que la energía siempre fluye a través del universo.

En términos de energía, del número 0 emana una sensación de apertura, receptividad y posibilidades infinitas. Representa un lienzo en blanco en el que podemos pintar nuestros deseos e intenciones, libres de las limitaciones de experiencias pasadas o creencias restrictivas. La energía del 0 nos anima a abrazar lo desconocido, a confiar en el desarrollo de los misterios de la vida y a aprovechar la reserva ilimitada de creatividad y potencial que llevamos dentro.

Sin embargo, y como cualquier otro número, el 0 tiene ventajas y desventajas. En el lado positivo, el 0 presenta la oportunidad que brindan los nuevos comienzos, las nuevas perspectivas y el crecimiento ilimitado. Nos desafía a tomar las riendas de nuestras vidas, aceptar el cambio y trabajar con el universo para cocrear el mundo en el que vivimos.

Como aspecto negativo, la energía del 0 puede resultar en ocasiones desalentadora o intimidante, en especial para las personas que se resisten al cambio o tienen miedo a lo desconocido. También puede representar una sensación de vacío o carencia, sobre todo si uno no se siente conectado con su fuente interior de fuerza o propósito.

6
9
2
3
∞
4
5
1
7

CAPÍTULO 2

Descubre tus números básicos

UNA VEZ COMPLETA, tu tabla numerológica se convierte en una especie de pequeño mapa de toda tu identidad. Y es que en ella aparecen 12 números que proporcionan información sobre diversos aspectos de la personalidad y la vida de un individuo. Cada elemento tiene un significado, y cada número te permite vislumbrar un aspecto diferente de tu yo más íntimo.

Dicho esto, tus números básicos son... bueno, el núcleo, centrales, cruciales, el corazón palpitante de tu tabla. Son los que captan la esencia de quién eres, de forma sucinta y directa.

Como todos los números de tu tabla, tus seis números básicos se calculan utilizando los números de tu fecha de nacimiento y las letras de tu nombre completo. En este capítulo te enseñaremos a calcularlos y a comprender su significado. En conjunto, tus números básicos pintan un retrato muy completo de ti mismo, y todos y cada uno de ellos añaden una dimensión diferente a tu carácter y a tu viaje por la vida. Reflejan los talentos que te definen, los desafíos a los que te enfrentas y tu propósito final. Con ellos como guía, podrás navegar por tu vida con claridad y crecer hasta convertirte en la mejor versión posible de ti mismo.

NÚMERO DEL CAMINO VITAL

El número del camino vital, un elemento fundamental de la numerología, se obtiene a partir de tu fecha de nacimiento, y representa la dirección y el propósito principales de tu viaje por la vida. Este número simboliza la esencia de quién eres y la dirección que estás destinado a tomar. También establece con claridad los temas recurrentes, las dificultades, las oportunidades y las lecciones con que muy probablemente te irás topando a lo largo de tu vida.

Cada número de tu camino vital está vinculado a atributos, rasgos e inclinaciones distintos que moldean tu carácter e impactan en tus elecciones y experiencias. Por ejemplo, una persona con el 1 como número de su camino vital suele estar impulsada por el deseo de liderar y alcanzar metas elevadas. De igual modo, quien tenga un 7 como número del camino vital será muy intuitivo y tendrá una fuerte mente analítica, lo que lo llevará a perseguir esfuerzos intelectuales o espirituales.

Conocer tu número del camino vital te ayudará a ser más consciente de tus puntos fuertes y de tus puntos débiles, así como de las posibles vías para el desarrollo personal y la realización que se te presentan. Actúa como una brújula, y te brinda el apoyo que necesitas para superar los desafíos y tomar decisiones que estén plenamente en consonancia con tu máximo potencial y tu verdadero propósito en la vida. Aprovechar las posibilidades y las lecciones vinculadas a tu número del camino vital te hará más consciente de ti mismo, y te permitirá realizarte y sentirte en armonía en todas las facetas de tu vida.

Calcula tu número del camino vital

PASO 1: escribe tu fecha de nacimiento en el formato MM/DD/AAAA (mes/día/año). Para este ejemplo hemos utilizado la fecha de nacimiento 15 de marzo de 1990.

EJEMPLO	CÁLCULO
03/15/1990	

PASO 2: calcula la suma de tu fecha de nacimiento. Suma todos los valores numéricos de los componentes de tu fecha de nacimiento (mes, día y año).

EJEMPLO	CÁLCULO
0 + 3 (MES) + 1 + 5 (DÍA) + 1 + 9 + 9 + 0 (AÑO) = 28	

PASO 3: reduce aún más. Si la suma es un número de dos dígitos, continúa reduciéndolo, y, para ello, suma todos los dígitos hasta obtener un número de un solo dígito. No obstante, recuerda que, si llegas a 11, 22 o 33, deberás detenerte ahí. Ya no será necesario que sigas sumando esos dígitos doblados para obtener uno solo; ése será tu número del camino vital.

EJEMPLO	CÁLCULO
2 + 8 = 10, que luego se reduce a 1 + 0 = 1	

PASO 4: el número de un solo dígito (o número maestro) obtenido es tu número del camino vital.

EJEMPLO	CÁLCULO
1	

EL SIGNIFICADO DE CADA NÚMERO DEL CAMINO VITAL

NÚMERO DEL CAMINO VITAL 1

Las personas cuyo número del camino vital sea el 1 tienen una inclinación natural a ser líderes. Por ello, se abren su camino y persiguen sus objetivos con vigor, y avanzan con tenacidad y perseverancia, proyectando confianza y asertividad tanto en el ámbito personal como en el profesional. Estas personas superan los obstáculos gracias a su fuerte voluntad y actitud pionera, lo que inspira a otros a hacer lo mismo. A las personas con el 1 como número de su camino vital les va bien en aquellos puestos en los que pueden crear, impulsar el cambio y proporcionar un liderazgo visionario.

NÚMERO DEL CAMINO VITAL 2

El 2 como número del camino vital tiene que ver con la armonía, la diplomacia y la cooperación. Las personas con este número tienen una enorme habilidad para promover el entendimiento en las relaciones, lo que las convierte en mediadoras naturales. Disfrutan trabajando en grupo y alcanzando consensos, por lo que se desarrollan en entornos cooperativos. Además, son capaces de lidiar con los desacuerdos con gracia y tacto, debido a su personalidad diplomática. Quienes tienen un 2 como número de su camino vital se desenvuelven mejor en aquellos puestos que les permiten fomentar la unidad, la comunicación y el sentimiento de pertenencia.

NÚMERO DEL CAMINO VITAL 3

La creatividad, la comunicación y el optimismo son fundamentales para el 3 como número del camino vital. Estas personas poseen un don natural para la expresión y disfrutan participando en actividades creativas y conversaciones. Son amables y fáciles de tratar, lo que atrae a los demás por su energía vivaz. Prosperan en todos esos entornos que permiten que sus habilidades expresivas brillen, y con frecuencia eligen carreras que requieren una comunicación fuerte y clara. Aquellos con el 3 como número de su camino vital inspiran a los demás con su positividad y visión creativa de la vida.

NÚMERO DEL CAMINO VITAL 4

El 4 como número del camino vital representa la estabilidad, el sentido práctico y el trabajo duro. Las personas con este número disponen de unas excelentes habilidades organizativas y adoptan siempre un enfoque metódico en su trabajo, lo que garantiza su precisión y fiabilidad. Las personas con el 4 como número de su camino vital son fiables y dignas de confianza porque aprecian la estabilidad en sus vidas. Su ética de trabajo duro y su incansable búsqueda de la perfección ayudan a crear un ambiente estructurado y bien organizado tanto en el ámbito personal como en el profesional.

NÚMERO DEL CAMINO VITAL 5

Como número del camino vital, el 5 encarna la libertad, la adaptabilidad y la aventura. Estas personas son conocidas por su versatilidad y buena disposición al cambio. Prosperan en entornos de ritmo rápido y buscan constantemente desafíos y nuevas experiencias. Además, poseen una capacidad natural para hacer frente a los altibajos de la vida y encuentran emoción en lo desconocido. Su espíritu aventurero las empuja a elegir rutas diferentes, lo que da como resultado una vida llena de experiencias de aprendizaje.

NÚMERO DEL CAMINO VITAL 6

Los rasgos de crianza, protección y compasión quedan perfectamente representados en el 6 como número del camino vital. Las personas con este número son responsables y empáticas, y actúan como sistemas de apoyo sólidos para sus seres queridos. Su naturaleza cariñosa también la emplean para mejorar sus comunidades. Estas personas se sienten motivadas por el amor y por un fuerte sentido de la responsabilidad; y siempre están dispuestas a ofrecer ayuda y consuelo a los necesitados. Sus instintos protectores las llevan a crear entornos seguros y pacíficos, lo que les confiere una sensación de seguridad y bienestar dondequiera que vayan.

NÚMERO DEL CAMINO VITAL 7

El 7 como número del camino vital refleja una serie de rasgos perceptivos, intelectuales e introspectivos. Las personas guiadas por este número destacan en el pensamiento analítico y a menudo persiguen enfrentarse a retos académicos y espirituales. Cuentan con una ingente capacidad para resolver problemas complicados y desenterrar hechos ocultos, y no tienen miedo a sumergirse en su interior para encontrar un propósito y una visión. Sus ambiciones espirituales las llevan a cuestionar, reflexionar y buscar la iluminación, lo que las conduce a una vida guiada por la sabiduría y el conocimiento interior.

NÚMERO DEL CAMINO VITAL 8

El 8 como número del camino vital simboliza la abundancia, la ambición y los logros. Las personas con este número tienen un fuerte sentido de la ambición y trabajan duro para alcanzar el éxito y la prosperidad. Son carismáticas por naturaleza y líderes con talento, y acostumbran a tomar el mando en entornos tanto profesionales como personales. Los 8 son decididos y fuertes, y superan todos los desafíos con perseverancia. Su dedicación para alcanzar sus objetivos da lugar a resultados sobresalientes, lo que no hace sino consolidar su posición como actores poderosos en el mundo empresarial.

NÚMERO DEL CAMINO VITAL 9

La iluminación y el humanitarismo transformador se encarnan en el 9 como número del camino vital. Las personas con este número son caritativas por naturaleza, y dedican su vida a ayudar a los demás y a mejorar el mundo. Gozan de un profundo conocimiento de la interconexión de todos los seres y se esfuerzan por promover la unidad en la sociedad.

Los 9 disponen de un fuerte sentido de la empatía y de la compasión, y promueven la igualdad y la justicia social. Su búsqueda de la iluminación impulsa sus acciones, y provoca cambios revolucionarios que elevan a la humanidad y promueven una convivencia más pacífica para todos.

NÚMERO MAESTRO DEL CAMINO VITAL 11

El 11 como número maestro del camino vital representa la intuición, la inspiración y las cualidades espirituales. Las personas influenciadas por este número están en sintonía con su entorno y sirven como faros de luz y sabiduría para todos los demás. Cuentan con una fuerte brújula espiritual y confían en la intuición para dirigir sus decisiones. Quienes tienen el 11 como número maestro de su camino vital ejercen un gran impacto en los que los rodean, y los animan una y otra vez a descubrir su propio potencial siguiendo sus metas y ambiciones. Su liderazgo visionario e intuición crean las bases para el cambio, y las convierten en poderosos catalizadores para el crecimiento espiritual.

NÚMERO MAESTRO DEL CAMINO VITAL 22

El 22 como número maestro del camino vital combina el dominio práctico con la ambición visionaria. Quienes se guían por este número son pensadores estratégicos capaces de convertir sus nobles ideas en realidad. Tienen grandes aspiraciones y están en una búsqueda constante de la perfección. Las personas con el 22 como número maestro de su camino vital poseen una rara mezcla de creatividad y sentido práctico, lo que les permite manejar situaciones difíciles con facilidad. Su experiencia en sus carreras las ayuda a liderar con confianza, y normalmente logran sus ambiciosos objetivos con una precisión calculada.

NÚMERO MAESTRO DEL CAMINO VITAL 33

Como número maestro del camino vital, el 33 otorga el papel de un educador afectuoso, alguien que aplica el conocimiento con gran influencia. Las personas con este número tienen una combinación especial de empatía y creatividad que les permite enseñar con compasión y comprensión. De ahí que actúen como faros inspiradores, y guíen a quienes las rodean hacia el desarrollo personal y espiritual. Los del número 33 aceptan sus responsabilidades como mentores y comparten sus pensamientos creativos con los demás, con el fin de ayudarlos a alcanzar su máximo potencial. Por si fuera poco, su liderazgo sabio y empático tiene un efecto duradero en sus comunidades.

Análisis del número del camino vital

Escribe aquí tu número del camino vital: ....

1. ¿De qué manera los rasgos asociados a este número se alinean con tus propias experiencias y metas?

....

....

....

....

....

2. ¿Cómo ha influido el carácter descrito por tu número en las decisiones y en los patrones que has seguido en tu vida hasta ahora? ¿Hay algún ejemplo destacado en el que su influencia sea evidente?

....

....

....

....

....

3. Cuando piensas en las características vinculadas a este número, ¿de qué modo puedes utilizar este nuevo conocimiento para adaptar mejor tus elecciones y acciones a tu verdadera vocación y potencial?

....

....

....

....

....

NÚMERO DE NACIMIENTO

En numerología, el número de nacimiento representa los rasgos y las tendencias que te acompañarán a lo largo de la vida. Se obtiene a partir del día del mes en que naciste y ofrece información sobre tu personalidad, tus fortalezas y tus desafíos. Este número es un componente clave para comprender tu identidad completa y entender cómo interactúas con el mundo que te rodea.

El número de nacimiento refleja características y energías específicas asociadas con ese día en particular. Por ejemplo, alguien nacido el día 1 de mayo mostrará cualidades de liderazgo, independencia y espíritu pionero. Sin embargo, los nacidos el día 2 de ese mismo mes destacarán por su diplomacia, cooperación y deseo de armonía. Cada día tiene su frecuencia vibratoria única, que, a su vez, influye en el enfoque de la persona hacia la vida y las relaciones.

Comprender el número de nacimiento te brinda la hoja de ruta para el crecimiento personal y la autoconciencia, pues es el que te permite aprovechar tus puntos fuertes y sortear con mayor eficacia los obstáculos que se te presenten en la vida. Al aceptar las cualidades asociadas con tu número de nacimiento, lograrás comprenderte mejor a ti mismo y entender el auténtico camino de tu vida. Ante todo, tu número de nacimiento será la luz que te guíe y el que te ayude a desbloquear tu verdadero potencial y a vivir con autenticidad.

Calcula tu número de nacimiento

PASO 1: escribe, con número, el día en que naciste. Para este ejemplo utilizamos como fecha de nacimiento el día 25 de marzo del año 2000.

EJEMPLO	CÁLCULO
25	

PASO 2: reduce el número a un solo dígito. Si el día es un número de dos dígitos, redúcelo a un solo dígito sumando los dígitos. Sigue reduciendo hasta obtener un número de un solo dígito. No obstante, recuerda que, si sacas 11 o 22, deberás detenerte ahí. Ya no tienes que seguir sumando esos dígitos duplicados para obtener uno solo; considera ese número tu número de nacimiento.

EJEMPLO	CÁLCULO
2 + 5 = 7	

PASO 3: el número de un solo dígito (o número maestro) obtenido es tu número de nacimiento final.

EJEMPLO	CÁLCULO
Tu número de nacimiento es 7	

EL SIGNIFICADO DE CADA NÚMERO DE NACIMIENTO

NÚMERO DE NACIMIENTO 1

Las personas cuyo número de nacimiento es el 1 suelen estar orientadas a objetivos y son independientes, decididas, innovadoras y líderes natos. Quienes nacen bajo este número tienen un fuerte sentido de liderazgo y un espíritu emprendedor encomiables, y parecen poseer un firme deseo de lograr cosas. Persiguen sus objetivos con pasión y resiliencia, y su impulso las ayuda a alcanzar sus sueños. Prosperan en entornos que les permiten abrirse nuevos caminos y pensar de manera innovadora. Al tiempo, su autosuficiencia se alimenta de su independencia, que las ayuda a forjar su propio camino y a no tener miedo de diferenciarse de la multitud.

NÚMERO DE NACIMIENTO 2

Las personas con el 2 como número de nacimiento encarnan cualidades de armonía, cooperación, diplomacia, intuición y empatía. Disponen de una enorme habilidad para promover relaciones saludables y unir a su entorno, lo que las convierte en unos pacificadores natos. Son capaces de manejar situaciones interpersonales difíciles con sutileza y tacto gracias a su sentido natural de la diplomacia, y, con frecuencia, actúan como mediadores. Son intuitivas, comprensivas y profundamente conscientes de los sentimientos de los demás, lo que las convierte en grandes oyentes y amigos. Su capacidad para trabajar bien con los demás les permite prosperar en entornos de trabajo en equipo donde su sabiduría una y otra vez ayuda al grupo a alcanzar el éxito.

NÚMERO DE NACIMIENTO 3

Quienes tienen el 3 como número de nacimiento irradian inventiva, comunicatividad, optimismo, amabilidad y expresividad. Asimismo, poseen un talento natural para expresarse creativamente en diversas formas, entre las que se incluyen la escritura, la interpretación y el arte. Son excelentes comunicadores debido a su encanto natural y a su amabilidad; siempre interactúan con los demás y llevan felicidad a dondequiera que van. Se enfrentan a los obstáculos con positividad, entusiasmo y resiliencia, inspirando a las personas que los rodean con su firme creencia en las posibilidades. Por si fuera poco, amenizan cualquier reunión con su vibrante energía y expresividad, por lo que siempre se convierten en el alma de la fiesta.

NÚMERO DE NACIMIENTO 4

Las personas con el 4 como número de nacimiento son la representación perfecta de la estabilidad, la practicidad, la diligencia, la lealtad y la organización. Dada su ingente dedicación al trabajo, son la piedra angular de la fiabilidad en sus círculos sociales y lugares de trabajo. Abordan cualquier proyecto con una sagaz perspectiva práctica, lo que las ayuda a prosperar en profesiones que exigen una atención al detalle. Proporcionan resultados continuamente gracias a su entrega y ética de trabajo, lo que las hace ganarse el respeto y la confianza de los demás. Aparte, valoran las relaciones duraderas y se mantienen fieles a sus seres queridos en las buenas y en las malas. Demuestran una capacidad organizativa sin igual porque se desenvuelven mejor en entornos controlados en los que pueden establecer estabilidad y orden.

NÚMERO DE NACIMIENTO 5

Quienes tienen el 5 como número de nacimiento llevan por bandera la libertad, la adaptabilidad, la aventura, la versatilidad y el cambio. Precisamente por eso, prosperan en entornos que les proporcionan la flexibilidad que precisan para experimentar y crear, en una búsqueda continua de nuevas experiencias. Tienen una habilidad natural para adaptarse, por lo que manejan los imprevistos de la vida con gracia y ven el cambio como una oportunidad para el desarrollo. Reciben los desafíos con entusiasmo y su sentido de la aventura los impulsa hacia perspectivas fascinantes. Sobresale su interés por una amplia variedad de cosas y siempre logran prosperar porque les encantan la emoción y el trajín del descubrimiento.

NÚMERO DE NACIMIENTO 6

Las personas con el 6 como número de nacimiento encarnan las cualidades de la compasión, la protección, la crianza, la responsabilidad y el amor. Son cuidadoras por excelencia que derrochan compasión y siempre están ahí para brindar ayuda. Con frecuencia asumen la posición de defensores de sus seres queridos y comunidades debido a su carácter desinteresado, lo que las inspira para una y otra vez defender a las personas necesitadas. Su naturaleza afectuosa las lleva a crear espacios acogedores donde se aprecia a las personas. Se toman siempre en serio sus responsabilidades y trabajan duro para mantener sus relaciones armoniosas y equilibradas. Su fuerza motriz es el amor, y dan todo de sí para cultivar amistades y conexiones con los que las rodean.

NÚMERO DE NACIMIENTO 7

Quienes tienen el 7 como número de nacimiento irradian perspicacia, intelectualidad, destreza analítica, introspección y espiritualidad. Asimismo, con frecuencia profundizan en cuestiones espirituales e intelectuales. Inteligentes por naturaleza, son personas curiosas y les encanta estudiar, de ahí que siempre estén tratando de averiguar más y más sobre el universo. Son introvertidas desde pequeñas y a menudo miran a su interior para tratar de entender los grandes problemas de la vida y buscar la iluminación. Les atrae enormemente investigar los mundos místicos para hallar un significado más allá de la realidad, por lo que la espiritualidad es fundamental para ser quienes son.

NÚMERO DE NACIMIENTO 8

El 8 como número de nacimiento simboliza la abundancia, la ambición y los logros. Debido a su magnetismo, quienes poseen este número terminan haciendo riquezas con trabajo duro y determinación, y siempre logran atraer la abundancia a su vida. Los 8 son ambiciosos por naturaleza, se fijan metas altas y las persiguen con determinación en un esfuerzo por alcanzar el más alto nivel de éxito. Sus logros con frecuencia los impulsan a asumir roles de liderazgo y autoridad, desde los que inspiran a otros utilizando sus habilidades y recursos naturales para dejar un legado de éxitos e influencia.

NÚMERO DE NACIMIENTO 9

Las personas con el 9 como número de nacimiento encarnan las cualidades de humanitarismo, transformación, iluminación, filantropía y armonía. De modo incansable apoyan iniciativas que promueven la igualdad y la justicia social porque tienen un fuerte deseo de ejercer un impacto positivo en el mundo. Con ello en mente, atraviesan un desarrollo personal transformador y animan a otros a aceptar el cambio y la evolución. Su búsqueda de conocimiento e investigación espiritual está siempre guiada por la iluminación. Su mentalidad está profundamente arraigada en la filantropía, ya que donan de manera desinteresada su tiempo y recursos para ayudar a las personas que más lo necesitan. Su presencia une a las personas en una visión común de un futuro mejor, pues una y otra vez buscan fomentar relaciones armoniosas y vínculos sociales.

NÚMERO MAESTRO DE NACIMIENTO 11

Las personas cuyo número maestro de nacimiento es el 11 irradian espiritualidad, inspiración, influencia, intuición y sensibilidad. Nacen para acceder a lo invisible, guiadas por la intuición que ilumina siempre su camino. Sus ideas visionarias y su profunda sabiduría inspiran a los demás, y provocan un cambio transformador. Su búsqueda de una relación más estrecha con lo divino y de un significado más profundo en la vida se torna evidente en cada parte de su espiritualidad. Cuentan con un sentido muy desarrollado de la energía que las rodea y pueden relacionarse con los demás a un nivel profundo, ofreciendo empatía y comprensión. Dejan una huella duradera en el mundo con su poderosa presencia, que inspira y motiva a quienes las rodean.

NÚMERO MAESTRO DE NACIMIENTO 22

El 22 como número maestro de nacimiento hace que las personas que lo tienen destaquen por su ambición, maestría, visión estratégica, pensamiento imaginativo y sentido práctico. Poseen una combinación única de gran visión y conocimientos prácticos, y son capaces de hacer sus sueños realidad. Abordan todo con una perspectiva estratégica, organizan y llevan a cabo cuidadosamente sus planes, y utilizan sus recursos y experiencia para lograr cosas asombrosas. Su liderazgo visionario inspira a otros a alcanzar la grandeza, ya que demuestran el poder de alinear metas elevadas con acciones prácticas.

(Nota: no existe el número maestro de nacimiento 33 porque ningún mes tiene 33 días.)

Análisis del número de nacimiento

Escribe tu número de nacimiento: ....

1. ¿De qué manera los rasgos asociados a tu número de nacimiento se reflejan en tus experiencias y en tu personalidad? Reflexiona sobre momentos específicos en tu vida en los que hayas notado que dichas cualidades se manifiestan realmente en ti.

....

....

2. Piensa en los puntos fuertes que se vinculan a tu número. ¿Cómo podrías aprovechar esas fortalezas para mejorar tu vida personal y profesional?

....

....

3. Por el contrario, ¿de qué modo podrías afrontar los desafíos que surgen de estos rasgos? Reflexiona sobre estrategias para maximizar tus fortalezas y superar cualquier obstáculo que se presente en tu vida.

....

....

....

4. ¿Cómo puedes utilizar tu número de nacimiento como una fuerza orientadora para llevar una vida con propósito y significativa? Piensa en cómo podrías orientar tus cualidades innatas para cosechar el éxito y sentirte realizado en diversas áreas de tu vida, como tu carrera profesional, tus relaciones y tu crecimiento personal.

....

....

....

NÚMERO DE PRIMERA IMPRESIÓN

Tu número de primera impresión te brinda información importante sobre tus talentos naturales, tus rasgos y tu posible propósito. Como es de esperar, también abarca las cualidades y los atributos que se proyectan en la primera impresión. Procede del nombre de pila que te ponen al nacer y representa la esencia central de tu personalidad y camino vital. Este número proporciona información valiosa sobre cómo es probable que manejes los obstáculos, te relaciones con las personas y te muevas a lo largo de las diferentes fases de la vida.

Las personas con un número de primera impresión fuerte suelen tener una presencia magnética y una habilidad natural para inspirar e influir en los que las rodean. Además, pueden ser excelentes en todos aquellos trabajos que requieran creatividad, liderazgo o habilidades de comunicación, pues saben mejor que nadie utilizar sus habilidades innatas para cambiar el mundo.

Quienes conocen su número de primera impresión son más capaces de aceptar completamente sus habilidades y dones especiales. Así, pueden elegir caminos que de verdad resuenan con su propósito y conducen a una mayor realización, logro y progreso personal en la vida al alinearse con su fuerza natural y sus valores.

Calcula tu número de primera impresión

PASO 1: escribe tu nombre de pila tal y como aparece en tu partida de nacimiento. Si ya no utilizas ese nombre, escribe el que hayas escogido y que utilices actualmente.

EJEMPLO	CÁLCULO
TAYLOR	

PASO 2: asigna valores numéricos a cada letra de tu nombre, excluyendo las vocales (la letra Y se considera una consonante y no se cuenta como vocal, con independencia de su posición o función dentro del nombre).

1	2	3	4	5	6	7	8	9
A	B	C	D	E	F	G	H	I
J	K	L	M	N	O	P	Q	R
S	T	U	V	W	X	Y	Z	

EJEMPLO	CÁLCULO
T~~A~~YL~~O~~R 2 + 7 + 3 + 9	

PASO 3: calcula el valor del nombre, excluyendo las vocales.

EJEMPLO	CÁLCULO
2 + 7 + 3 + 9 = 21	

PASO 4: reduce el nombre a un solo dígito. Si el total de cualquier nombre es un número de dos dígitos, continúa sumando los dígitos hasta llegar a un número de un solo dígito. Por ejemplo, si el total de tu nombre es 25, sigue sumando 2 + 5 para obtener 7.

EJEMPLO	CÁLCULO
21 = 2 + 1 = 3	

PASO 5: al final, el número de un solo dígito (o número maestro) obtenido es tu número de primera impresión.

EJEMPLO	CÁLCULO
3	

EL SIGNIFICADO DE CADA NÚMERO DE PRIMERA IMPRESIÓN

NÚMERO DE PRIMERA IMPRESIÓN 1

El número de primera impresión 1 representa las cualidades de ser orientado a objetivos, independiente, determinado, innovador y un líder natural. Las personas con este número poseen un fuerte sentimiento de determinación e independencia. Su mentalidad innovadora les permite ver el mundo desde otra perspectiva y explorar nuevos caminos hacia el éxito. Son capaces de pensar de forma creativa y, gracias a su ingeniosa mentalidad, persiguen los logros de un modo completamente diferente al resto. Asumen el liderazgo y motivan a los demás a hacer realidad sus ideas afirmándose de manera efectiva en entornos sociales y profesionales.

NÚMERO DE PRIMERA IMPRESIÓN 2

Las personas con el 2 como número de primera impresión irradian empatía, colaboración, intuición, armonía y diplomacia. Poseen una habilidad natural para cultivar conexiones pacíficas y unir a las personas. Actúan como pacificadores y mediadores en conflictos gracias a su diplomacia, lo que les facilita desenvolverse con aplomo en dinámicas sociales complicadas. Con su afán intuitivo por percibir los sentimientos de los demás, brindan asistencia compasiva y comprensión, y crean fuertes amistades y conexiones. Prosperan en esfuerzos colaborativos donde crean trabajo en equipo gracias a su actitud cooperativa y sus percepciones intuitivas.

NÚMERO DE PRIMERA IMPRESIÓN 3

Las personas que derrochan originalidad, comunicatividad, optimismo, amabilidad y expresividad son las que representan el número de primera impresión 3. Su humor y elocuencia les basta para cautivar a todos los demás, lo que las convierte en excelentes comunicadores y narradores. Sus actividades artísticas se nutren de su inventiva, que sale aún más a relucir en entornos que les permiten expresarse libremente. Aportan energía y optimismo en cada encuentro porque poseen un infinito sentido de esperanza. Sociables por naturaleza, conectan sin esfuerzo con personas de diferentes ámbitos, contagiando su alegría y fomentando un sentido de comunidad.

NÚMERO DE PRIMERA IMPRESIÓN 4

Las personas cuyo número de primera impresión es el 4 encarnan las cualidades de estabilidad, sentido práctico, diligencia, lealtad y organización. Son bien conocidas por su firmeza y dedicación al deber, y se valora en especial su fiabilidad tanto en el ámbito personal como en el profesional. Abordan los proyectos de forma metódica y práctica, lo que las ayuda a prosperar en profesiones que requieren una atención al detalle. Se ganan el respeto y la confianza de la gente gracias a su arduo trabajo, que produce resultados positivos de forma constante. Valoran las relaciones y cumplen su palabra; pues la lealtad es un valor firmemente arraigado en ellas. Cuentan con unas capacidades organizativas sin igual y se desenvuelven mejor en entornos estructurados en los que pueden establecer orden y estabilidad.

NÚMERO DE PRIMERA IMPRESIÓN 5

Las personas con el 5 como número de primera impresión irradian rasgos de flexibilidad, aventura, cambio, versatilidad y libertad. Son aventureras natas que se crecen aún más en entornos que les permiten la flexibilidad necesaria para experimentar e innovar. Se adaptan a todo con extraordinaria facilidad; aceptan el cambio como una oportunidad para crecer y aprender, y transitan por los giros y las vueltas de la vida con apabullante soltura. Debido a su adaptabilidad, sobresalen en una variedad de esfuerzos y se sienten impulsados por el desafío y la emoción de las nuevas experiencias. Aportan vitalidad y energía a todas las facetas de sus vidas, buscando siempre estímulos y nuevas experiencias.

NÚMERO DE PRIMERA IMPRESIÓN 6

Las personas que expresan amor, responsabilidad, cuidado, compasión y protección tienen a menudo el 6 como número de primera impresión. Son cuidadoras naturales que van en sintonía con las necesidades de los demás y siempre están dispuestas a ofrecer apoyo y consuelo. Su compasión las impulsa a defender a los más necesitados, y no dudan a la hora de proteger a sus seres queridos y a sus comunidades. Su instinto de cuidado las lleva a crear espacios acogedores donde se valora a las personas y se les concede la importancia que merecen. Su principal característica es la responsabilidad, ya que valoran sobremanera todas las relaciones y apoyan a sus seres queridos pase lo que pase. Irradian amor, lo que crea fuertes lazos y un inquebrantable sentido de comunidad.

NÚMERO DE PRIMERA IMPRESIÓN 7

Las personas con el 7 como número de primera impresión destilan perspicacia, intelectualismo, capacidad analítica, introspección y espiritualidad. Cuentan con una aguda conciencia de su entorno y profundizan en cuestiones espirituales. Intelectualmente, siempre son curiosas y les encanta estudiar, no descansan en su afán por tratar de aumentar su comprensión del universo. Sus mentes analíticas son capaces de deconstruir las ideas difíciles con facilidad. Introvertidas por naturaleza, a menudo se retiran a la introspección para detenerse a pensar en los grandes temas de la vida y buscar la iluminación. Les atrae tantísimo investigar los mundos místicos en busca de significado más allá de la realidad mundana que la espiritualidad es fundamental para su identidad.

NÚMERO DE PRIMERA IMPRESIÓN 8

Quienes poseen los atributos de abundancia, ambición, logro, autoridad y éxito son los que representan el 8 como número de primera impresión. Con su carisma y su sentido natural de autoridad, siempre se ganan el respeto de todos los que están a su alrededor.

Ambiciosas por naturaleza, estas personas se fijan altos estándares y los persiguen con determinación, impulsadas por su pasión por el éxito y los logros. Son capaces de superar los obstáculos y prosperar en situaciones exigentes gracias a su actitud disciplinada ante la vida, lo que les brinda oportunidades y recompensas abundantes. Con frecuencia ascienden a posiciones de influencia debido a sus fuertes cualidades de liderazgo y pasión, las cuales tienen un efecto duradero en las personas.

NÚMERO DE PRIMERA IMPRESIÓN 9

Las personas con el 9 como número de primera impresión irradian cualidades de humanitarismo, transformación, iluminación, filantropía y armonía. Dedican su vida a esfuerzos humanitarios porque están motivadas por la compasión y el deseo de ayudar a todas las personas. Su actitud transformadora las ayuda a crecer y anima a otros a aceptar el cambio y la evolución. Investigan regiones espirituales en busca de la iluminación, y desarrollan verdades universales. Están profundamente arraigadas en la filantropía, tanto que con suma generosidad no dudan en anteponer el interés de los necesitados al suyo propio. Su presencia cultiva conexiones armoniosas, y une a personas diversas en un objetivo común de crear una sociedad mejor.

NÚMERO MAESTRO DE PRIMERA IMPRESIÓN 11

Las personas con el 11 como número maestro de primera impresión derrochan intuición, inspiración, espiritualidad, sensibilidad e influencia. Sus habilidades intuitivas se potencian hasta llevarlas hacia profundas percepciones y revelaciones. Infunden amor incondicional y creatividad en sus actividades, e inspiran a los otros a luchar por la excelencia a través de su presencia inspiradora. En lo espiritual, actúan como faros, guiando a los demás a través de la complejidad de la vida. Ejercen un efecto duradero en aquellos con quienes se encuentran porque son perceptivas a la energía que las rodea, y una y otra vez brindan un apoyo empático y una enorme comprensión.

NÚMERO MAESTRO DE PRIMERA IMPRESIÓN 22

El 22 como número maestro de primera impresión nos habla de una persona con visión, ambición, maestría, sentido práctico y pensamiento estratégico. Es gente visionaria, capaz de albergar grandes ideas y hacerlas realidad. Ambiciosos por naturaleza, los 22 se fijan metas audaces y planifican meticulosamente sus caminos hacia el éxito y la abundancia. Su enfoque práctico les garantiza que sus logros les permitirán alcanzar sus metas. Con visión estratégica, navegan por las complejidades de la vida con facilidad, aprovechando sus habilidades y recursos para lograr unas hazañas sin precedentes.

NÚMERO MAESTRO DE PRIMERA IMPRESIÓN 33

Las personas cuyo número maestro de primera impresión es el 33 tienen los rasgos de un maestro compasivo, portador de sabiduría, con enorme fuerza creativa y de presencia influyente. Poseen una capacidad natural para inspirar un cambio transformador en los demás. Entrenan y guían al resto con compasión, fomentando ante todo su desarrollo e iluminación. Precisamente por eso, dejan una huella duradera en el mundo al despertar la creatividad y fomentar la expresión artística. Inspiran y empoderan a los demás con su poderosa presencia, con lo que provocan un cambio positivo y allanan así el camino hacia un futuro mejor.

Análisis del número de primera impresión

Escribe aquí tu número de primera impresión: ....

1. ¿Cómo se reflejan las cualidades asociadas a tu número en tus experiencias e interacciones en la vida diaria? Reflexiona sobre veces concretas en las que hayas notado que estos rasgos se manifiestan en ti o han influido en tus relaciones con los demás.

   ....

   ....

2. Piensa en los puntos fuertes y en los posibles desafíos relacionados con tu número. ¿Cómo podrías utilizar estas fortalezas para mejorar tu vida personal y profesional?

   ....

   ....

   ....

3. Por otro lado, ¿de qué modo podrías afrontar los desafíos que puedan surgir de estos rasgos? Reflexiona sobre las distintas estrategias para maximizar tus fortalezas y superar cualquier obstáculo.

   ....

   ....

   ....

4. ¿Cómo podrías encarnar la esencia de tu número para crear un impacto duradero en el mundo? Piensa en la mejor manera de aprovechar tus cualidades innatas para lograr tu realización personal y hacer contribuciones positivas a tu comunidad.

   ....

   ....

   ....

NÚMERO DEL ALMA INTERIOR

La esencia que te define se refleja en tu número del alma interior, a veces también denominado número del impulso del alma, que es el que representa tus motivaciones, deseos y desafíos más íntimos. Se calcula utilizando los valores numéricos que se asignan a cada letra de tu nombre de pila, con el foco puesto en las vocales. Más allá de tus características superficiales y de tu comportamiento en público, se dice que este número proporciona una visión profunda de tu esencia o alma.

Como huella espiritual, el número del alma interior revela facetas de tu personalidad que no siempre son tan obvias. Podría proporcionarte una visión de tu viaje espiritual, de tus patrones emocionales y de tus talentos naturales. Las personas acostumbran a encontrar un gran significado personal y dirección en los rasgos y en las enseñanzas vinculados a su número del alma interior, que suele tocar una fibra sensible.

La búsqueda de la armonía interior, la autoconciencia y el desarrollo personal son temas frecuentes que se relacionan con los números del alma interior. Comprender y aceptar tu número del alma interior te puede conducir a una mayor autoaceptación, autenticidad y alineación con tu verdadero propósito en la vida.

Calcula tu número del alma interior

PASO 1: escribe tu nombre completo tal y como aparece en tu partida de nacimiento. Esto incluye tu nombre, primer apellido y segundo apellido. Si contrajiste matrimonio y después empezaste a usar el apellido de tu cónyuge, haz este cálculo utilizando tu nombre de soltera. Y si ya no usas el nombre que figura en tu partida de nacimiento, utiliza el nombre, el primer apellido y el segundo apellido que hayas elegido.

EJEMPLO	CÁLCULO
PATRICIA LEE SMITH	

PASO 2: asigna valores numéricos a cada vocal. Identifica todas las vocales (A, E, I, O, U) de tu nombre completo de nacimiento. En numerología, a cada letra del alfabeto se le asigna un valor numérico concreto en función de su posición. (La letra Y se considera siempre una consonante y no se cuenta como vocal, con independencia de su ubicación o función dentro del nombre). Te mostramos aquí una asignación común para las vocales:

1	5	9	6	3
A	E	I	O	U

EJEMPLO	CÁLCULO
~~P~~A~~TR~~I~~C~~IA 1 + 9 + 9 + 1 ~~L~~EE 5 + 5 ~~SM~~I~~TH~~ 1	

PASO 3: suma todos los valores numéricos asignados a las vocales de tu nombre.

EJEMPLO	CÁLCULO
Nombre: 1 + 9 + 9 + 1 = 20	Nombre:
Primer apellido: 5 + 5 = 10	Primer apellido:
Segundo apellido: 1	Segundo apellido:

PASO 4: suma los números. A continuación, redúcelos a un solo dígito. Si la suma de los valores numéricos es un número de dos dígitos distinto de 11, 22 o 33, continúa reduciéndolo, sumando para ello los dígitos hasta obtener un número de un solo dígito.

EJEMPLO	CÁLCULO
20 + 10 + 1 = 31 31 = 3 + 1 = 4	

PASO 5: al final, el número de un solo dígito (o número maestro) obtenido es tu número del alma interior.

EJEMPLO	CÁLCULO
4	

EL SIGNIFICADO DE CADA NÚMERO DEL ALMA INTERIOR

NÚMERO DEL ALMA INTERIOR 1

Las personas con el 1 como número del alma interior están orientadas a objetivos y son independientes, decididas e innovadoras. Albergan en su interior el deseo natural de triunfar y de alcanzar sus metas con una determinación inquebrantable. Son líderes natos que motivan a los demás con sus ideas creativas y su confianza. Ante las dificultades, sacan a relucir su fuerza interior y su determinación se hace notar, lo que las permite avanzar hacia el desarrollo personal y el crecimiento continuo.

NÚMERO DEL ALMA INTERIOR 2

Las personas cuyo número del alma interior es el 2 son la encarnación de la armonía, la colaboración, la intuición y la diplomacia. Son excelentes para crear entornos pacíficos y comprensivos, y promover interacciones saludables. Con frecuencia median en disputas y su intuición las ayuda a navegar por la dinámica social con amabilidad. Empáticas por naturaleza, siempre brindan apoyo a las personas más necesitadas. Su capacidad para trabajar bien en grupo les permite aprovechar la cooperación para lograr objetivos comunes y conseguir un cambio positivo.

NÚMERO DEL ALMA INTERIOR 3

La creatividad, la expresividad, el optimismo, la amabilidad y la comunicatividad son las características que más definen a las personas con el 3 como su número del alma interior. Todas ellas tienen una habilidad natural para contar historias y son hábiles a la hora de hacerlo con entusiasmo. Sus pasiones se alimentan de su energía creativa, que inspira con muchas formas de autoexpresión. Se trata de gente optimista que anima a los demás con su actitud positiva ante la vida. Amables y sociables, estos 3 se desenvuelven en entornos sociales y alegran fácilmente a los demás. Siempre causan un impacto duradero allí donde van, debido a su carácter expresivo.

NÚMERO DEL ALMA INTERIOR 4

El 4 como número del alma interior refleja estabilidad, sentido práctico, diligencia, lealtad y organización. Estas personas, sobradamente conocidas por su compromiso y perseverancia, son fiables tanto en el ámbito personal como en el profesional. Abordan todas las tareas de forma metódica, y destacan en aquellas funciones que exigen una planificación cuidadosa. Se ganan la confianza del resto con su trabajo duro, valoran las relaciones a largo plazo y cumplen su palabra. Muestran una capacidad organizativa sin igual y prosperan en entornos en los que pueden establecer orden y estabilidad.

NÚMERO DEL ALMA INTERIOR 5

Quienes poseen el don de la flexibilidad, de la aventura, de la libertad, de la variedad y del cambio suelen tener el 5 como número de su alma interior. Con frecuencia, entienden la vida como si de una aventura se tratase y prosperan en la emoción de descubrir nuevas oportunidades. Además, reciben el cambio como una oportunidad para el desarrollo personal y tienen la capacidad innata de adaptarse a los altibajos de la vida. Dinámicas y adaptables, estas personas prosperan en la mayoría de los entornos y se mueven con facilidad entre diversas responsabilidades. Su pasión por la libertad las impulsa a explorar territorios inexplorados y motiva a otros a aprovechar las infinitas oportunidades de la vida.

NÚMERO DEL ALMA INTERIOR 6

Las personas cuyo número del alma interior es el 6 demuestran amor, responsabilidad, cuidado, compasión y protección. Son cuidadoras que están en sintonía con las necesidades de los demás y les brindan apoyo de forma constante. Su naturaleza compasiva las impulsa a defender a los necesitados, y tienden a asumir el papel de protectores de sus seres queridos y comunidades. Igualmente, son tan afectuosas que tienden a crear espacios acogedores donde las personas son bien valoradas y amadas. Sumamente responsables, siempre dan prioridad a las relaciones y apoyan a sus seres queridos en los buenos y en los malos momentos.

NÚMERO DEL ALMA INTERIOR 7

El 7 como número del alma interior nos describe a personas que irradian inteligencia, espiritualidad, capacidad analítica y perspicacia. Todas ellas tienen una exagerada conciencia de su entorno y profundizan en cuestiones espirituales e intelectuales. Se trata de individuos muy curiosos y a los que les encanta estudiar, y constantemente están buscando ampliar su comprensión del universo. Sus mentes analíticas diseccionan las ideas más difíciles con gran facilidad. Su camino está guiado por su conexión espiritual, lo que da sentido y propósito a su vida en todos los ámbitos.

NÚMERO DEL ALMA INTERIOR 8

Las personas con el 8 como número de su alma interior irradian éxito, ambición, abundancia, autoridad y logros. Poseen un aire de confianza y asertividad que exige respeto. Las impulsa la pasión por el éxito y los logros, y su disciplinado enfoque de la vida les permite superar obstáculos y prosperar en entornos desafiantes. Logran ascender fácilmente a puestos de responsabilidad e influyen en las personas a través de sus sólidas cualidades de liderazgo.

NÚMERO DEL ALMA INTERIOR 9

Quienes tienen el 9 como número del alma interior son la encarnación de la compasión, la iluminación, la generosidad y la armonía. Dedican su vida a servir a la humanidad, y su actitud desinteresada los ayuda a crecer y anima a los demás a aceptar el cambio. Investigan la ideología espiritual en busca de la iluminación, fomentando las conexiones con las verdades universales. Su moral está profundamente arraigada en la filantropía, por lo que acostumbran a donar para ayudar a los necesitados. Estas personas se dedican a cultivar las relaciones humanas y a unir a las personas en su visión compartida de un mundo mejor.

NÚMERO MAESTRO DEL ALMA INTERIOR 11

Las personas con el número maestro del alma interior 11 reflejan las cualidades de la sagacidad, la inspiración, la espiritualidad, la sensibilidad y la influencia. Tienen un sentido natural de la intuición que las guía hacia una serie casi interminable de epifanías y percepciones. Infunden conocimiento espiritual en todas sus actividades y no se cansan de inspirar a los otros para que luchen por la excelencia. Los 11 tienen un efecto duradero en los individuos de su entorno porque son sensibles a las energías que los rodean, y brindan un apoyo y una comprensión empáticos.

NÚMERO MAESTRO DEL ALMA INTERIOR 22

La visión, la ambición, el dominio, el sentido práctico y el pensamiento estratégico están presentes en quienes tienen el 22 como su número maestro del alma interior. Las personas con este número cuentan con una mentalidad visionaria que les permite imaginar grandes conceptos y darles vida. Ambiciosas por naturaleza, trazan sus rutas hacia el éxito y se fijan metas audaces. Aprovechando su visión estratégica, navegan por los problemas con facilidad, utilizando sus habilidades y recursos para alcanzar unos logros sin precedentes, y consiguen dejar un impacto significativo en el mundo.

NÚMERO MAESTRO DEL ALMA INTERIOR 33

Los individuos con el 33 como su número maestro del alma interior son encarnaciones de la enseñanza, de la compasión, de la sabiduría, de la creatividad y de la influencia. Dirigen a las personas con cariño y comprensión debido a su fuerte sentido de la empatía y de la compasión. Su sabiduría brinda profundas percepciones que estimulan la transformación y el crecimiento. Además, su creatividad les nace de manera natural porque tienen una gran imaginación. Su influyente presencia deja una huella positiva en el mundo, y empodera a quienes los rodean para alcanzar su máximo potencial.

Análisis del número del alma interior

Escribe aquí tu número del alma interior: ....

1. ¿De qué manera las cualidades asociadas a tu número se reflejan en tus deseos y aspiraciones más íntimos? Reflexiona sobre veces concretas en las que hayas notado que estos rasgos se manifiestan en ti o han influido en tu trayectoria personal.

   ....

   ....

2. Piensa en los puntos fuertes y en los posibles desafíos relacionados con tu número. ¿Cómo podrías aprovechar estas fortalezas para mejorar tu crecimiento personal y tus relaciones?

   ....

   ....

   ....

3. Por el contrario, ¿de qué modo podrías afrontar los desafíos que surgen de estos rasgos? Reflexiona sobre las posibles estrategias para maximizar tus fortalezas y superar cualquier obstáculo.

   ....

   ....

   ....

4. ¿De qué manera podrías alinearte con la energía de tu número para disfrutar de una vida más satisfactoria y con propósito? Piensa en cómo aprovechar tus cualidades innatas para contribuir positivamente a tu propio bienestar y al bienestar de los demás.

   ....

   ....

   ....

NÚMERO DE CARÁCTER

Como su nombre bien deja intuir, tu número de carácter refleja tus rasgos naturales, tus puntos fuertes, tus puntos débiles y tu potencial como individuo. Asimismo, revela la esencia de tu personalidad: lo que te motiva, lo que te inspira y el modo en que tomas tus decisiones. Se calcula utilizando las consonantes de tu nombre de pila completo, y proporciona información importante sobre cómo avanzarás a lo largo de la vida y cómo interactuarás con el mundo.

Este número representa las cualidades esenciales que moldean tu personalidad e influyen en tu comportamiento y actitud. Sólo cuando conoces los aspectos importantes de tu personalidad, como de qué modo afrontas los retos, cómo te comunicas, cuáles son tus tendencias emocionales, y cuáles son la dinámica y los patrones de tus interacciones con los demás, comienzas a tener una mayor comprensión de ti mismo. De esta manera, tu número de carácter actúa como una brújula, y te señala oportunidades de desarrollo y crecimiento personal, lo que te permite viajar por la vida con honestidad, claridad y confianza.

Calcula tu número de carácter

PASO 1: escribe tu nombre completo tal y como aparece en tu partida de nacimiento. Esto incluye tu nombre, tu primer apellido y tu segundo apellido. Si contrajiste matrimonio y después empezaste a usar el apellido de tu cónyuge, haz este cálculo utilizando tu nombre de soltera. Y si ya no usas el nombre que figura en tu partida de nacimiento, utiliza el nombre, el primer apellido y el segundo apellido que hayas elegido.

EJEMPLO	CÁLCULO
SERENA JAMEKA WILLIAMS	Nombre: Primer apellido: Segundo apellido:

PASO 2: asigna valores numéricos a las consonantes.

1	2	3	4	5	6	7	8	9
A	B	C	D	E	F	G	H	I
J	K	L	M	N	O	P	Q	R
S	T	U	V	W	X	Y	Z	

No tengas en cuenta las vocales (A, E, I, O, U y, a veces, tampoco la Y), ya que no se utilizan en el cálculo del número de caracteres.

Incluye sólo la Y como vocal cuando:

1. Funciona como sonido de vocal en una palabra. Por ejemplo, en los nombres Lyn o Bryan, la Y suena como una vocal.
2. Está al final de una sílaba y crea un sonido de vocal, como en Marty.

No incluyas la Y como vocal cuando:

1. Funciona como un sonido consonántico al principio de una sílaba, como en los nombres Yolanda o Yvette.
2. Se usa de una forma que no reemplaza ni actúa como una vocal. Por ejemplo, en Taylor, la Y sigue a una vocal pero no actúa como tal.

EJEMPLO	CÁLCULO
S~~E~~R~~E~~N~~A~~ 1 + 9 + 5	Nombre:
J~~A~~M~~E~~K~~A~~ 1 + 4 + 2	Primer apellido:
W~~I~~LL~~IA~~MS 5 + 3 + 3 + 4 + 1	Segundo apellido:

PASO 3: calcula el valor total de cada uno de tus nombres. Para ello, suma los valores numéricos asignados a cada consonante de tu nombre.

EJEMPLO	CÁLCULO
Nombre: 1 + 9 + 5 = 15	Nombre:
Primer apellido: 1 + 4 + 2 = 7	Primer apellido:
Segundo apellido: 5 + 3 + 3 + 4 + 1 = 16	Segundo apellido:

PASO 4: reduce el número de cada nombre a un solo dígito. Suma los números. Si el total es un número de dos dígitos, continúa sumando los dígitos hasta obtener un número de un solo dígito. Recuerda que, si el total que obtienes es 11, 22 o 33, ése será tu número de carácter final.

EJEMPLO	CÁLCULO
Nombre: 15 = 1 + 5 = 6	Nombre:
Primer apellido: 7	Primer apellido:
Segundo apellido: 16 = 1 + 6 = 7	Segundo apellido:
6 + 7 + 7 = 20	
20 = 2 + 0 = 2	

PASO 5: al final, el número de un solo dígito (o número maestro) obtenido es tu número de carácter.

EJEMPLO	CÁLCULO
2	

EL SIGNIFICADO DE CADA NÚMERO DE CARÁCTER

NÚMERO DE CARÁCTER 1

Quienes tienen el 1 como número de carácter serán por naturaleza independientes, innovadores, orientados a objetivos y decididos. Las personas con este número muestran cualidades innatas de liderazgo y una fortísima fuerza de voluntad, y están motivadas por un poderoso sentido de la ambición. Toman la iniciativa, se establecen metas elevadas y las persiguen con determinación y concentración. Son capaces de superar fácilmente los desafíos gracias a su asertividad e independencia, que impulsan su éxito.

NÚMERO DE CARÁCTER 2

El 2 como número de carácter conlleva un modelo de cooperación, diplomacia, intuición, armonía y empatía. Las personas que tienen este número valoran las relaciones pacíficas y crean ambientes enriquecedores. Trabajan bien en entornos colaborativos, mediando y reuniendo a las personas durante los conflictos. Poseen un profundo sentido de la empatía y comprenden a la perfección las necesidades de los demás. Su tacto las ayuda a construir relaciones basadas en el respeto y la confianza mutuos, y siempre se las ingenian para fomentar encuentros pacíficos. Derrochan sentido de pertenencia.

NÚMERO DE CARÁCTER 3

Las cualidades de optimismo, expresividad, creatividad, sociabilidad y comunicación cobran vida en las personas que tienen el 3 como número de carácter. Todas ellas son muy creativas y expresivas, por lo que destacan en entornos que fomentan la autoexpresión. Tienen un encanto sociable y un ingenio que cautiva a la gente, al igual que su dominio del lenguaje y sus habilidades para contar historias. Aportan creatividad a todo lo que hacen en la vida, incluidas sus profesiones, aficiones y relaciones sociales. Su visión positiva de la vida anima a quienes las rodean. En definitiva, es gente que transmite alegría allá donde va.

NÚMERO DE CARÁCTER 4

Las personas con el 4 como número de carácter destacan por su estabilidad, sentido práctico, organización, lealtad y diligencia. Son conocidas por su visión analítica de la vida. Brillan especialmente en aquellos entornos que requieren mucha atención a los detalles. Buscan estabilidad tanto en sus intereses personales como profesionales, y valoran mucho la estructura y la organización. Tienen un fuerte sentido de la responsabilidad, cumplen su palabra, afrontan las dificultades de frente y se convierten en pilares de estabilidad y fortaleza.

NÚMERO DE CARÁCTER 5

Las personas cuyo número de carácter es el 5 valoran la libertad, la adaptabilidad, la versatilidad y el cambio. Acostumbran a entender la vida como una aventura. Son curiosas y buscan incansablemente experiencias nuevas y oportunidades para aprender. Demuestran flexibilidad y espontaneidad, se adaptan fácilmente a situaciones cambiantes y están felices de desviarse de los caminos trillados. Su capacidad para adaptarse a muchas situaciones es el resultado de su versatilidad, y su búsqueda de la libertad las inspira a superar obstáculos y perseguir sus sueños con entusiasmo.

NÚMERO DE CARÁCTER 6

Las personas con el 6 como número de carácter irradian compasión, protección, cuidado, responsabilidad y amor. Quienes tienen este número son compasivos y conscientes de las necesidades de los demás. Son excelentes a la hora de crear espacios acogedores y alentadores en los que florecen la armonía y el amor. Asumen el papel de cuidadores y dan un gran valor a la familia y a las conexiones. Su disposición empática los impulsa a ayudar y a orientar a cualquiera que lo necesite. Son el epítome del amor incondicional, fuertemente devotos de sus seres queridos.

NÚMERO DE CARÁCTER 7

Los 7 como número de carácter son introspectivos, intelectuales, perceptivos y espirituales. Y es que este número se asocia con una profunda sabiduría y un hambre de información. Las personas con este número de carácter exploran con audacia todas las facetas de la espiritualidad, pues conceden gran importancia a su crecimiento espiritual. Su enfoque analítico y sus intuiciones las ayudan a navegar por las complejidades de la vida, y su naturaleza introspectiva las inspira a perseguir el desarrollo personal. Su sabiduría imbuye a los demás, y crea una impresión duradera en las personas que conocen.

NÚMERO DE CARÁCTER 8

El número de carácter 8 es la representación por excelencia de la abundancia, de la ambición, de los logros, de la autoridad y del éxito. Las personas con este número están motivadas por un fuerte deseo de hacer realidad sus sueños y cosechar el éxito financiero. Sobresalen en puestos de liderazgo y son muy ambiciosas en su vida diaria, por lo que destacan persiguiendo sus objetivos con una concentración y una confianza inquebrantables. Sus cualidades naturales de liderazgo les permiten enfrentarse a los obstáculos sin vacilaciones, de ahí que con frecuencia asciendan a posiciones de poder e influencia.

NÚMERO DE CARÁCTER 9

El 9 como número de carácter es la personificación del humanitarismo, de la transformación, de la iluminación, de la filantropía y de la armonía. Las personas que poseen este número están motivadas por un fuerte deseo de ayudar a los necesitados. Destacan en proyectos filantrópicos, en los que se sienten felices elevando a los demás y causando un impacto positivo en el mundo. Son firmes defensores de la justicia social y la igualdad, y viven sus vidas inmersas en la bondad y en la caridad. Su carácter motiva a otros a unirse a ellos en su misión de lograr un mundo más pacífico, mientras que su comprensión iluminada los ayuda a navegar por los retos de la vida.

NÚMERO MAESTRO DE CARÁCTER 11

La iluminación espiritual, la inspiración, la sensibilidad y la intuición son las cualidades que más y mejor representan el número maestro de carácter 11. Las personas con este número tienen un elevado sentido de la intuición y a menudo experimentan poderosas revelaciones. Sirven de inspiración a los demás, a quienes también animan a alcanzar su máximo potencial. Es gente muy perceptiva que gusta de explorar las profundidades de la conciencia y las verdades universales, y da una altísima prioridad a las búsquedas espirituales y a la iluminación. Su mentalidad visionaria y su sabiduría intuitiva guían a los 11 como número de carácter través de los desafíos de la vida, mientras que su presencia inspira a otros a despertar a su propia sabiduría interior.

NÚMERO MAESTRO DE CARÁCTER 22

Los rasgos del número maestro de carácter 22 incluyen el dominio práctico, la estrategia y la ambición. Este número representa a aquellos individuos que tienen una gran visión y la capacidad de hacerla realidad. Destacan tanto en la planificación estratégica como en la ejecución, y utilizan su dominio de los recursos materiales para hacer realidad sus ideas a gran escala. Al inspirar a las demás personas a unirse a ellos en su misión, su liderazgo visionario crea una ola de acción colectiva que puede ayudar a construir un futuro sostenible y pacífico.

NÚMERO MAESTRO DE CARÁCTER 33

Las personas con el 33 como número de carácter se ganan al resto con su ternura, misericordia, sabiduría, creatividad e influencia. Quienes tienen este número poseen un fuerte sentido de la compasión y albergan una y otra vez el deseo de ayudar a los demás. Son excelentes para guiar a otros y aprovechan su sabiduría innata para hacer avanzar a la sociedad. Dan una gran prioridad al trabajo humanitario y crean una sensación de paz a su alrededor con su ejemplo compasivo para que otros lo sigan. Estas personas dejan un increíble legado de amor, compasión e influencia con sus hechos y enseñanzas.

Análisis del número de carácter

Escribe aquí tu número de carácter: ....

1. ¿Cómo se reflejan los rasgos asociados a este número en tus experiencias e interacciones en la vida diaria? Reflexiona sobre veces concretas en las que hayas notado que estos rasgos se manifiestan en ti o han influido en tus relaciones con los demás.

   ....

   ....

2. Piensa en los puntos fuertes y en los posibles desafíos relacionados con tu número. ¿Cómo podrías aprovechar estas fortalezas para mejorar tu crecimiento personal y tus relaciones?

   ....

   ....

   ....

3. Por otro lado, ¿de qué modo podrías afrontar los desafíos que puedan surgir de estos rasgos? Reflexiona sobre las distintas estrategias para maximizar tus fortalezas y superar cualquier obstáculo.

   ....

   ....

   ....

4. ¿De qué maneras podrías alinearte con la energía de tu número para llevar una vida más satisfactoria y con más sentido? Piensa en la manera de aprovechar tus cualidades innatas para contribuir positivamente a tu propio bienestar y al de los demás.

   ....

   ....

   ....

NÚMERO DE EXPRESIÓN

El número de expresión, igualmente conocido como número de destino, te ayuda a identificar en qué sobresales y en qué tienes dificultades, y te orienta a la hora de escoger dónde concentrar tus energías. En general, te echa una mano para comprender cómo te expresas y la influencia que tienes en los demás. Este número habla de tu estilo de comunicación, expresión creativa, habilidades de liderazgo e intereses profesionales, entre otros aspectos de tu personalidad.

Las personas pueden alcanzar su máximo potencial y seguir una trayectoria vital plena que verdaderamente refleje quiénes son al conectarse con las energías de su número de expresión. Este número te enseña a usar tus habilidades para descubrir tu propósito en la vida, encontrar la realización personal y contribuir de manera significativa a la sociedad. Al final, el número de expresión actúa como un mapa de ruta para el crecimiento personal y el empoderamiento, y permite a las personas aceptar quiénes son realmente y llevar vidas genuinas y auténticas.

Calcula tu número de expresión

PASO 1: escribe tu nombre completo tal y como aparece en tu partida de nacimiento. Esto incluye tu nombre, tu primer apellido y tu segundo apellido. Si contrajiste matrimonio y después empezaste a usar el apellido de tu cónyuge, haz este cálculo utilizando tu nombre de soltera. Y si ya no usas el nombre que figura en tu partida de nacimiento, utiliza el nombre, el primer apellido y el segundo apellido que hayas elegido.

EJEMPLO	CÁLCULO
SIMONE ARIANNE BILES	Nombre: Primer apellido: Segundo apellido:

PASO 2: asigna valores numéricos a cada una de las letras de tu nombre completo.

1	2	3	4	5	6	7	8	9
A	B	C	D	E	F	G	H	I
J	K	L	M	N	O	P	Q	R
S	T	U	V	W	X	Y	Z	

EJEMPLO	CÁLCULO
SIMONE 1 + 9 + 4 + 6 + 5 + 5 ARIANNE 1 + 9 + 9 + 1 + 5 + 5 + 5 BILES 2 + 9 + 3 + 5 + 1	Nombre: Primer apellido: Segundo apellido:

PASO 3: calcula el valor numérico de cada nombre. Para cada nombre (nombre, primer apellido y segundo apellido), suma los valores numéricos asignados a cada letra.

EJEMPLO	CÁLCULO
Nombre: 1 + 9 + 4 + 6 + 5 + 5 = 30 Primer apellido: 1 + 9 + 9 + 1 + 5 + 5 + 5 = 35 Segundo apellido: 2 + 9 + 3 + 5 + 1 = 20	Nombre: Primer apellido: Segundo apellido:

PASO 4: reduce el número de cada nombre a un solo dígito (o número maestro). Si el total es un número de dos dígitos, continúa sumando los dígitos hasta obtener un número de un solo dígito.

EJEMPLO	CÁLCULO
Nombre: 30 = 3 + 0 = 3	Nombre:
Primer apellido: 35 = 3 + 5 = 8	Primer apellido:
Segundo apellido: 20 = 2 + 0 = 2	Segundo apellido:

PASO 5: suma los valores reducidos. Una vez que tengas los valores reducidos para cada nombre, súmalos todos para obtener el número de expresión total.

EJEMPLO	CÁLCULO
3 + 8 + 2 = 13	

PASO 6: redúcelo a un solo dígito (o número maestro). Si el total es un número de dos dígitos distinto de 11, 22 o 33, sigue sumando los dígitos hasta obtener un número de un solo dígito.

EJEMPLO	CÁLCULO
13 = 1 + 3 = 4	

PASO 7: al final, el número de un solo dígito obtenido es tu número de expresión. Recuerda que, si el total que obtienes es un número maestro (11, 22 o 33), ése deberá ser el que interpretes para conocer más sobre tu expresión y potencial.

EJEMPLO	CÁLCULO
4	

EL SIGNIFICADO DE CADA NÚMERO DE EXPRESIÓN

NÚMERO DE EXPRESIÓN 1

Las personas con el número de expresión 1 representan ante todo los valores de independencia, determinación, liderazgo e innovación. Suelen estar impulsadas por un fuerte deseo de alcanzar sus metas. Los 1 son líderes excepcionales que allanan el camino y motivan a otros con sus conceptos innovadores. Muestran confianza en todos los aspectos de sus vidas, y no vacilan cuando se trata de enfrentarse a los desafíos. Su actitud independiente les permite causar una impresión duradera como pioneros y visionarios.

NÚMERO DE EXPRESIÓN 2

El 2 como número de expresión encarna la armonía, la intuición, la empatía y la diplomacia. Las personas con este número prosperan en entornos grupales, en los que brillan con especial fuerza para cooperar y alcanzar consensos. Resuelven fácilmente disputas y promueven la armonía entre varios grupos. Muestran sensibilidad y empatía en su vida diaria, a lo largo de la cual no dejan de fomentar conexiones que las hacen destacar en tales entornos. Son capaces de negociar conflictos con elegancia y tacto debido a su naturaleza diplomática.

NÚMERO DE EXPRESIÓN 3

Las personas con el 3 como número de expresión destacan por su creatividad, comunicación, optimismo, sociabilidad y autoexpresión. Los individuos con este número son narradores natos y unos comunicadores muy bien dotados. Les va a la perfección en actividades artísticas y prosperan en entornos que permiten la autoexpresión. Aportan creatividad a todo en sus vidas, incluyendo su profesión, aficiones y relaciones sociales. Su visión positiva de la vida eleva a las personas a su alrededor y difunde alegría, por lo que, allá donde van, contagian optimismo.

NÚMERO DE EXPRESIÓN 4

El 4 como número de expresión se caracteriza por la estabilidad, el sentido práctico, la diligencia, la lealtad y la organización. Las personas con este número son ampliamente conocidas por su fiabilidad y su visión analítica de la vida, lo que las permite desenvolverse bien en entornos que exigen atención a los detalles y una planificación cuidadosa. Buscan la estabilidad tanto en su vida personal como profesional, y valoran mucho la estructura y la organización. Por norma, se ganan el respeto y la confianza de los demás gracias a su ética de trabajo. Con un fuerte sentido de la responsabilidad, cumplen su palabra, afrontan los retos de frente y se convierten en pilares de estabilidad y fiabilidad.

NÚMERO DE EXPRESIÓN 5

Libertad, adaptabilidad, aventura, versatilidad y cambio son las cualidades representadas por el número de expresión 5. Las personas con este número son aventureras por naturaleza y no dudan a la hora de aceptar los cambios. Están llenas de curiosidad y buscan nuevas experiencias y oportunidades para crecer. A lo largo de sus vidas, demuestran flexibilidad y espontaneidad, y se adaptan fácilmente a las situaciones cambiantes.

NÚMERO DE EXPRESIÓN 6

El 6 como número de expresión es un símbolo de protección, compasión, cuidado, responsabilidad y amor. Las personas con este número valoran la familia y las relaciones por encima de todo; nacen para cuidar y atender a los demás. Son excelentes para dar lugar a espacios alentadores donde florecen la armonía y el amor. Crean fuertes lazos emocionales y relaciones profundas ofreciendo orientación a las personas que lo necesitan a lo largo de su vidas. Su sentido del deber las motiva a permanecer junto a sus seres queridos en los buenos y en los malos momentos, de ahí que encarnen el verdadero significado del amor incondicional.

NÚMERO DE EXPRESIÓN 7

Las personas con el 7 como número de expresión tienen una visión perceptiva, intelectual, analítica, introspectiva y espiritual. Sobresalen por su profunda sabiduría y su sed de conocimiento. Además, son excelentes en la introspección y frecuentemente pasan tiempo solos pensando en los misterios de la vida. Exploran la espiritualidad con gran entusiasmo, y dan un gran valor a la iluminación y al crecimiento espiritual. Su enfoque analítico y sus intuiciones las ayudan a superar los desafíos de la vida, y su naturaleza introspectiva las inspira a perseguir el desarrollo personal.

NÚMERO DE EXPRESIÓN 8

El 8 como número de expresión tiene que ver con la abundancia, la ambición, los logros, la autoridad y el éxito. Las personas con este número están motivadas por un fuerte deseo de cumplir sus objetivos y tener éxito financiero. Son infinitamente ambiciosas en su vida diaria, y persiguen sus objetivos con un enfoque inquebrantable. Su habilidad de liderazgo les permite afrontar desafíos con valentía y no les cuesta ascender a posiciones de poder. Además, su enfoque disciplinado de la vida las impulsa a superar obstáculos y alcanzar fácilmente sus sueños.

NÚMERO DE EXPRESIÓN 9

Las cualidades de humanitarismo, transformación, iluminación, filantropía y armonía nunca faltan en quienes tienen el 9 como su número de expresión. En sus vidas, estas personas priorizan la compasión, la empatía y la generosidad, y abogan incansablemente por la justicia social y la igualdad. Son excelentes en el trabajo filantrópico y están comprometidas con la mejora de la sociedad. Su carácter humanitario motiva a otros a unirse a ellas en su búsqueda para crear un mundo más pacífico y compasivo, mientras que su comprensión espiritual las ayuda a afrontar los retos de la vida.

NÚMERO MAESTRO DE EXPRESIÓN 11

El 11 como número maestro de expresión representa la intuición, la inspiración, la espiritualidad, la sensibilidad y la influencia. Las personas que poseen este poderoso número suelen ser unas visionarias que se dejan guiar por sus profundas intuiciones. Actúan como rayos de esperanza en tiempos de incertidumbre, y sirven de inspiración a otros con sus soluciones creativas y su amabilidad. Su sensibilidad les permite empatizar profundamente con las emociones de los demás, lo que promueve un sentido de conexión. Tienen un profundo efecto en aquellos con quienes se encuentran, a los que influyen para que busquen la iluminación y el desarrollo personal por sí mismos.

NÚMERO MAESTRO DE EXPRESIÓN 22

El 22 como número maestro de expresión implica una combinación de estrategia, dominio práctico y ambición visionaria. Las personas con este número tienen la capacidad de hacer realidad ideas elevadas. Se guían por objetivos ambiciosos y destacan en los esfuerzos prácticos, que es donde mejor pueden demostrar su dominio sobre los recursos materiales. Pueden superar fácilmente obstáculos complicados gracias a su mentalidad estratégica, que también las ayuda a transformar los contratiempos en oportunidades de progreso. A través de su inspirador liderazgo, animan a otros a unirse a su causa, lo que desencadena una ola de acción colectiva por el bien común.

NÚMERO MAESTRO DE EXPRESIÓN 33

Quien tiene el 33 como número maestro de expresión es un visionario creativo, un sabio influyente y un maestro amoroso, todo en uno. Las personas con este número poseen una inmensa creatividad y perspicacia que aplican a proyectos que cambian la vida. Actúan como mentores compasivos que influyen en los demás, y su poderosa presencia fomenta la paz y el entendimiento al mismo tiempo que inspira transformaciones significativas. Logran impactar en innumerables vidas con su liderazgo y enseñanzas, y dejan un legado de amor y conocimiento a su paso.

Análisis del número de expresión

Escribe aquí tu número de expresión: ....

1. ¿Cómo se reflejan los rasgos asociados a tu número en tus experiencias y aspiraciones en la vida? Reflexiona sobre ocasiones concretas en las que hayas notado que estos rasgos han influido en tus acciones, en tus decisiones y en tus relaciones con los demás.

....

....

....

2. Piensa en los puntos fuertes y en los desafíos relacionados con tu número. ¿Cómo podrías aprovechar estas fortalezas para maximizar tu potencial y alcanzar tus objetivos?

....

....

....

3. Por otro lado, ¿de qué modo podrías afrontar los desafíos que puedan surgir de estos rasgos?

....

....

....

4. Reflexiona sobre el impacto que quieres tener en el mundo y sobre cómo tu número podrá guiarte para cumplir tu propósito. ¿Cómo te podrías alinear con sus energías para crearte un camino vital significativo y satisfactorio?

....

....

....

Tus números básicos en pocas palabras

Ahora que ya has calculado tus seis números básicos, ¿cómo te sientes? ¿Consideras que reflejan con precisión la versión de ti que crees que proyectas al mundo? Compílalos todos aquí para que puedas revisarlos en conjunto.

MI NÚMERO DEL CAMINO VITAL: ....

Resumen de su significado: ....

....

....

Mis notas: ....

....

MI NÚMERO DE NACIMIENTO: ....

Resumen de su significado: ....

....

....

Mis notas: ....

....

MI NÚMERO DE PRIMERA IMPRESIÓN: ....

Resumen de su significado: ....

....

....

Mis notas: ....

....

MI NÚMERO DEL ALMA INTERIOR: ....

Resumen de su significado: ....

....

....

Mis notas: ....

....

MI NÚMERO DE CARÁCTER: ....

Resumen de su significado: ....

....

....

Mis notas: ....

....

MI NÚMERO DE EXPRESIÓN: ....

Resumen de su significado: ....

....

....

Mis notas: ....

....

CAPÍTULO 3

Explora tus ciclos

¿**ESTÁS YA LISTO** para ir más allá de tus números básicos? Recuerda que aún hay mucho por explorar. Mientras que los números básicos que hemos visto hasta ahora —como son el número de nacimiento, el número del camino vital y el número de expresión— nos proporcionan información sobre las características esenciales que nos definen, los números de ciclo arrojarán luz sobre los asuntos y los patrones que de forma recurrente se irán presentando a lo largo de nuestra vida. En este conjunto encontramos el número del año personal, el número del mes personal, el número del día personal, el número de lección kármica, el número de madurez y el número de deuda kármica.

Tus números de ciclo son los que te guían a través del ciclo de la vida al resaltar momentos de desarrollo, desafíos y transformaciones. Cada número de ciclo tiene un período de tiempo correspondiente que influye en las oportunidades y experiencias. Sin duda, el análisis numerológico nos revela mucho más cuando incluye tanto los números de ciclo como los básicos. Si desconoces tus números de ciclo, te estarás perdiendo una valiosa perspectiva de tus comportamientos y elecciones dentro de la historia más amplia del desarrollo de tu vida.

Al calcular estos números, lograrás crear una herramienta personalizada para interpretar los ciclos dentro de tu propio destino y aprovechar la numerología como un medio de empoderamiento y autodescubrimiento.

NÚMERO DEL AÑO PERSONAL

¿Alguna vez te has preguntado cuáles son los temas que darán forma a tu viaje el año que viene? La clave está en tu número del año personal. Es como una hoja de ruta elaborada a partir de los dígitos del año en curso en un solo número. Este pequeño número es muy revelador, pues da una idea de lo que está por venir: te anticipa los mejores momentos, los peores y el clima general de todo lo que acontecerá. Considéralo tu fiel brújula, pues te señala las oportunidades y te advierte de los posibles desvíos que te encontrarás en el camino. Por ejemplo, el 3 como número del año personal anuncia un buen momento para la creatividad y la socialización, mientras que el 7 invita a la introspección y al crecimiento espiritual.

Comprender este número te ayudará a alinearte con el flujo del universo, a tomar mejores decisiones y a aprovechar los momentos más adecuados. Es algo así como tener a un amigo muy sabio susurrándote consejos al oído mientras navegas por los giros y las vueltas de la vida.

Calcula tu número del año personal

PASO 1: escribe tu fecha de nacimiento. Empieza escribiendo el día y el mes de tu fecha de nacimiento en el formato MM/DD (mes/día). Para este ejemplo hemos utilizado como fecha de nacimiento el día 15 de octubre.

EJEMPLO	CÁLCULO
10/15	

PASO 2: escribe los cuatro dígitos que forman el año actual.

EJEMPLO	CÁLCULO
2025	

PASO 3: reduce tu mes de nacimiento a un número de un solo dígito sumando los dígitos.

EJEMPLO	CÁLCULO
1 + 0 = 1	

PASO 4: reduce tu día de nacimiento a un número de un solo dígito sumando los dígitos.

EJEMPLO	CÁLCULO
1 + 5 = 6	

PASO 5: suma los cuatro dígitos del año actual y redúcelos a un solo dígito.

EJEMPLO	CÁLCULO
2 + 0 + 2 + 5 = 9	

PASO 6: suma los números reducidos a un solo dígito de tu mes de nacimiento, de tu día de nacimiento y del año actual.

EJEMPLO	CÁLCULO
1 + 6 + 9 = 16	

PASO 7: reduce el total a un solo dígito. Si la suma es un número de dos dígitos distinto de 11, 22 o 33, sigue reduciéndolo hasta obtener un número de un solo dígito sumando todos los dígitos.

EJEMPLO	CÁLCULO
16 = 1 + 6 = 7	

EL SIGNIFICADO DE CADA NÚMERO DEL AÑO PERSONAL

NÚMERO DEL AÑO PERSONAL 1

El 1 como número del año personal es sinónimo de nuevos comienzos, de independencia y de ambición. Señala que es tu momento para brillar, pues en tu horizonte ya se vislumbran nuevos inicios para ti. Este año te tocará tomar la iniciativa, abrazar tu independencia y seguir adelante con confianza. Estás en el momento de aprovechar al máximo todas las posibilidades de desarrollo personal que se te presenten, y para ello deberás actuar con decisión y sembrar las semillas del éxito futuro. A medida que vayas navegando por territorios desconocidos, quizá se te presenten desafíos, pero debes saber que cada obstáculo es una oportunidad para demostrar tu resistencia y fortaleza, y los retos tan sólo te preparan el escenario para nuevas y emocionantes aventuras y un fructífero crecimiento personal.

NÚMERO DEL AÑO PERSONAL 2

Las relaciones, la armonía y la cooperación quedan todas representadas en el número del año personal 2. Prepárate para cultivar el equilibrio y profundizar las conexiones en tu vida. Éste es el año de la cooperación, de la diplomacia y de la colaboración. Es tu momento de establecer conexiones, de fomentar la cooperación y de buscar nuevas formas de compromiso tanto en el ámbito personal como en el profesional. Es posible que te topes con obstáculos a medida que aprendes a equilibrar tus necesidades con las de los demás, pero recuerda que cada compromiso te acerca más al entendimiento mutuo y al éxito compartido, y que fomenta vínculos más profundos y relaciones significativas.

NÚMERO DEL AÑO PERSONAL 3

Bienvenido a un año repleto de creatividad, autoexpresión y placeres sociales. Es hora de que dejes brillar a tu artista interior y explores nuevas vías de autodescubrimiento. Quizá te sientas inspirado para explorar tus talentos artísticos, dedicarte a nuevos pasatiempos o entablar conversaciones significativas. Éste es, sin duda, el momento para abrazar la alegría, la espontaneidad y el optimismo, y para permitirte sacar a relucir tu don más creativo. Por supuesto, quizá se te presenten dificultades a medida que sorteas distracciones o dudas, pero no olvides que cada obstáculo del camino es una oportunidad para aprovechar tu creatividad y compartir con el mundo tu talento, que es único.

NÚMERO DEL AÑO PERSONAL 4

Este año requiere estabilidad, disciplina y trabajo duro. Se trata de aprovecharlo para sentar las bases y avanzar de manera constante hacia tus objetivos. Puedes concentrarte en crear unas bases sólidas, establecer metas realistas y poner en marcha rutinas ordenadas. Es el momento ideal para el trabajo que requiere concentración, para la planificación y para la atención a los detalles en todo aquello que emprendas. Según te vayas enfrentando a contratiempos o retrasos, es posible que se te presenten dificultades, pero ten siempre presente que cada obstáculo es una oportunidad para fortalecer tu determinación y perfeccionar tus planes, pues no hace sino allanarte el camino para el éxito a largo plazo y los logros duraderos.

NÚMERO DEL AÑO PERSONAL 5

Prepárate para la aventura, para el cambio y para nuevas y emocionantes oportunidades. Éste es tu año para abrazar la libertad, explorar nuevos horizontes y aprovechar el momento. Te toca abandonar los malos hábitos, abrazar la espontaneidad y explorar nuevos caminos. El 5 como número del año personal hace hincapié en los viajes, en el descubrimiento y en el desarrollo personal, y pone todo el énfasis en ampliar los horizontes y valorar la variedad por encima de todo. A medida que vayas avanzando, probablemente irán apareciendo dificultades por la incertidumbre o por giros inesperados, pero ten presente que cada curva del camino no es sino una oportunidad para abrazar la espontaneidad y la adaptabilidad, lo que conduce a experiencias estimulantes y al crecimiento personal.

NÚMERO DEL AÑO PERSONAL 6

El amor, la familia y el hogar ocupan un lugar central este año. Es el momento para cultivar las relaciones, crear armonía y encontrar el equilibrio en tu vida. Tendrás que priorizar las necesidades familiares, establecer un sentimiento de comunidad y lograr un equilibrio entre los compromisos personales y profesionales. El año personal número 6 se caracteriza por los actos de compasión, el servicio y las actividades familiares, las cuales se encargan de proporcionar una estabilidad emocional. Podrás encontrarte cara a cara con obstáculos a medida que haces malabarismos con las responsabilidades o te enfrentas a conflictos, pero cada dificultad de la vida es una oportunidad de oro para profundizar en tus vínculos con tus seres queridos y cultivar un sentimiento de seguridad y pertenencia.

NÚMERO DEL AÑO PERSONAL 7

Éste es el año de la introspección, del crecimiento espiritual y de la sabiduría interior. Te ha llegado la hora de sumergirte en tu mundo interior para tratar de buscar respuestas y conocimientos que puedan guiarte en tu viaje. Aprovecha para pasar tiempo a solas, practicar la meditación y estudiar conceptos espirituales. Has de priorizar la intuición, el aprendizaje y el desarrollo espiritual, pues sólo así conseguirás una comprensión más profunda de ti mismo y del universo. No te extrañes si se presentan en tu vida desafíos a medida que te enfrentas a tus miedos o a la incertidumbre, pero recuerda que cada momento de soledad o reflexión es una oportunidad para conectar con tu yo superior y descubrir verdades ocultas, lo que siempre conduce a una profunda transformación personal.

NÚMERO DEL AÑO PERSONAL 8

Este año gira en torno a la abundancia, al éxito y a los logros. Es hora de que cojas el mando, asumas tu poder, tomes las riendas de tu destino y hagas tus sueños realidad. Querrás centrarte en objetivos materiales, cosechar éxitos financieros y alcanzar el progreso profesional. El 8 es el año de los riesgos calculados, de la audacia y de la planificación estratégica. Aunque puedan surgir obstáculos a medida que te adentras en dinámicas de poder o manejas asuntos financieros, cada desafío es siempre una oportunidad para aprovechar tu fuerza interior e ingenio, y allanar así el camino hacia la prosperidad y la realización.

NÚMERO DEL AÑO PERSONAL 9

Prepárate para un año de finales, cierres y nuevos comienzos. Es hora de liberarte de lo que ya no te sirve y de dejar paso a nuevas oportunidades y posibilidades. Quizá experimentes una sensación de cierre, te descubrirás rememorando el pasado y preparándote para volver a empezar. Éste es un año para abrazar el amor por todas las personas, el altruismo y los proyectos caritativos. El 9 te indica que ha llegado el momento de centrarte en perdonar a los demás, dejar atrás el pasado y ayudar al resto en su desarrollo espiritual y progreso personal. Lo más seguro es que te surjan desafíos a medida que dejas atrás el pasado o te enfrentas a la incertidumbre que planea sobre el futuro, pero no olvides que cada despedida es una oportunidad sin igual para abrazar la transformación y dar la bienvenida abiertamente al siguiente capítulo de tu viaje.

NÚMERO MAESTRO DEL AÑO PERSONAL 11

Este año encierra el potencial de la iluminación espiritual y de las profundas revelaciones. Es un momento para abrazar tu intuición, aprovechar tu sabiduría interior y confiar en la guía divina que te rodea. Quizá te sientas muy sensible, tengas profundas revelaciones y te percibas muy conectado con el universo. Ahora más que nunca debes aceptar la misión individual que se te ha encomendado, perseguir metas más grandes y crecer espiritualmente. Es de esperar que te surjan dificultades a medida que te acercas a una mayor sensibilidad o a nuevos despertares espirituales, pero cada momento de conexión con tu yo superior es un paso firme hacia el cumplimiento del propósito de tu alma y hacia la aceptación de tus dones espirituales.

NÚMERO MAESTRO DEL AÑO PERSONAL 22

Prepárate para un año de manifestación magistral y sabiduría práctica. Es hora de convertir tus sueños en realidad aprovechando tu poder para crear un impacto duradero y un cambio en el mundo. Te sentirás con muchos ánimos para avanzar con audacia hacia tus objetivos y utilizar tus recursos y habilidades para lograr un impacto duradero. Éste es el año de la planificación estratégica, del liderazgo visionario y de la realización de grandes ideas. Podrán surgir obstáculos a medida que navegas por las complejidades de tu visión o te enfrentas a dudas sobre tus habilidades, pero cada obstáculo es siempre una oportunidad para aprovechar tu potencial y dejar un legado que inspire a otros durante generaciones.

NÚMERO MAESTRO DEL AÑO PERSONAL 33

Este año te ofrece la oportunidad de una sanación profunda y de un servicio compasivo. Es el momento ideal para canalizar tus dones innatos de empatía e intuición en actos de amor y bondad que eleven a la humanidad. Las personas podrían sentirse obligadas a aceptar su papel como maestros espirituales o sanadores para beneficiar a la humanidad. En este año, toca cuidar de los demás, crear paz y difundir la compasión. Te surgirán desafíos al enfrentarte a emociones profundamente arraigadas o asumir las responsabilidades de tu vocación, pero te darás cuenta de que cada momento de servicio desinteresado es una oportunidad para marcar una diferencia significativa en la vida de los demás y cumplir la misión de tu alma.

Análisis del número del año personal

Escribe aquí tu número del año personal: ....

1. ¿Cómo se refleja la energía de este número en tus metas y ambiciones?

....

....

....

....

2. Reflexiona sobre experiencias pasadas y piensa: ¿de qué manera puedes aprovechar las características de este número para maximizar las oportunidades que se te presenten y afrontar los desafíos?

....

....

....

....

3. ¿De qué modo ves que las influencias de este número se manifiestan en tus relaciones, en tu carrera profesional y en tu crecimiento personal?

....

....

....

....

NÚMERO DEL MES PERSONAL

¿Alguna vez te has dado cuenta de que cada mes tiene su propia sensación única? En numerología tus números del mes personal te ayudarán a comprender y aprovechar esa singularidad para exprimir al máximo cada mes del año. Estos números son como pequeñas etiquetas de energía que nos dan un adelanto de todo lo que está por venir. Derivados del número asignado a cada mes, revelan el clima general y la dinámica personal de ese período.

Por ejemplo, enero, simbolizado por el número 1, suele indicar el comienzo de un nuevo año, lleno de iniciativa, independencia y nuevos comienzos. Por otro lado, octubre, con su número de mes 10 (que se reduce a 1), comparte vibraciones similares de nuevos comienzos y singularidad, pero con un énfasis adicional en las asociaciones y la cooperación. Puedes calcular tu número del mes personal para los doce meses del año cuando tú quieras. Si en algún momento te apetece echar un vistazo al futuro y averiguar cómo serán los próximos meses, simplemente cambia el número del mes actual por el mes que deseas explorar.

Conocer cada número del mes personal nos ayuda a todos a sintonizar con las energías dominantes, pues es este número el que guía nuestras intenciones y comportamientos consecuentes. Además, sienta las bases para que podamos transitar por las oportunidades y los desafíos que se nos presenten, mientras nos ayuda a maximizar el crecimiento personal dentro de los ciclos naturales del tiempo. Al aceptar el poder del número de mes, aumentamos nuestra conciencia y tomamos decisiones bien informadas que se alineen con los temas principales del trayecto que emprendamos cada mes.

Calcula tu número del mes personal

PASO 1: escribe el valor numérico del mes actual. Para este ejemplo se utiliza diciembre.

EJEMPLO	CÁLCULO
12	

PASO 2: reduce el número del mes a un solo dígito. Sin embargo, si el mes es noviembre (que se corresponde con el número 11), ya no necesitarás reducirlo más, pues es un número maestro y posee una energía significativa por sí mismo.

EJEMPLO	CÁLCULO
12 = 1 + 2 = 3	

PASO 3: suma el número del mes del paso 2 a tu número del año personal del año en curso que ya calculaste en el ejercicio anterior. Si la suma es un número de dos dígitos distinto de 11 o de 22, redúcelo a un solo dígito sumando los dígitos. Para este ejercicio se emplea como ejemplo el número del año personal 9.

EJEMPLO	CÁLCULO
9 + 3 = 12 = 1 + 2 = 3	

PASO 4: la suma de tu número del año personal y del número reducido del mes actual es tu número del mes personal para este mes.

EJEMPLO	CÁLCULO
3	

EL SIGNIFICADO DE CADA NÚMERO DEL MES PERSONAL

NÚMERO DEL MES PERSONAL 1

Este mes va de emprender nuevos comienzos y de tomar las riendas de tu vida. Es el momento para afirmar tu independencia, establecer nuevas metas y aprovechar todas las oportunidades con confianza. Experimentarás un aumento de entusiasmo y energía que te inspirará a asumir nuevas tareas, alcanzar metas y ejercer tu independencia. Podrán surgir desafíos a medida que te adentres en territorio desconocido, pero recuerda que cada obstáculo es una oportunidad para demostrar tu resiliencia y encender tu fuego interior, y que las dificultades no hacen sino allanarte el camino para nuevos y emocionantes comienzos y favorecer tu crecimiento personal.

NÚMERO DEL MES PERSONAL 2

Prepárate para cultivar la armonía y profundizar las conexiones en tus relaciones. Este mes hace hincapié en la cooperación, en la diplomacia y en las relaciones. Muy posiblemente valorarás más el equilibrio, buscarás el compromiso y te esforzarás en fomentar todas las relaciones tanto en tu vida personal como profesional. El 2 como número del mes personal te brinda la oportunidad de trabajar con el resto, de escuchar las perspectivas de los demás y de encontrar el equilibrio. Mientras vas aprendiendo a equilibrar tus necesidades con las de los demás, es posible que se te planteen obstáculos, pero cada compromiso te acercará al entendimiento mutuo y fortalecerá tus lazos, fomentando conexiones más profundas y colaboraciones significativas.

NÚMERO DEL MES PERSONAL 3

Bienvenido al mes de la creatividad, de la autoexpresión y de los placeres sociales. Es hora de que dejes brillar a tu artista interior y explores nuevas vías de autodescubrimiento. Este mes es el momento ideal de abrazar la felicidad, la espontaneidad y el optimismo para que los esfuerzos artísticos puedan prosperar. Se te presentarán muchos eventos sociales, actividades culturales y oportunidades para impulsar el autodescubrimiento. Quizá te surjan dificultades a medida que vayas transitando por las distracciones o por la duda, pero cada una de ellas es una oportunidad para aprovechar tu creatividad y compartir tus dones únicos con el mundo, difundiendo alegría e inspiración.

NÚMERO DEL MES PERSONAL 4

Este mes requiere estabilidad, disciplina y trabajo duro. Se trata de sentar bases sólidas y avanzar con paso firme hacia tus metas. Concentra tus energías en construir unos cimientos firmes, organizarte y perseguir metas a largo plazo. En todas tus actividades, personales y profesionales, este mes es el momento de comportarte de manera responsable, planificar con antelación y prestar mucha atención a los detalles. Te enfrentarás a contratiempos o retrasos y se te presentarán dificultades, pero cada una de ellas te ofrece la oportunidad de fortalecer tu determinación y perfeccionar tus planes, y te allana el camino para el éxito a largo plazo y la consecución de unos logros duraderos.

NÚMERO DEL MES PERSONAL 5

Prepárate para la aventura, para el cambio y para nuevas y emocionantes oportunidades. Este mes habla de aceptar la libertad, explorar nuevos horizontes y aprovechar el momento. Se te presentarán oportunidades inesperadas, quizá empieces a tener un gran gusto por la diversidad y te empeñarás en buscar nuevas experiencias. Éste es el mes para dejar de lado las rutinas, abrazar la espontaneidad y adaptarse a los cambios. Te enfrentarás a la incertidumbre o los giros inesperados, en tu camino se interpondrán obstáculos, pero cada curva es una oportunidad para abrazar la espontaneidad y la adaptabilidad, lo que conduce a experiencias estimulantes y al crecimiento personal.

NÚMERO DEL MES PERSONAL 6

El amor, la familia y el hogar ocupan un lugar central este mes. Es un momento para cultivar las relaciones, crear armonía y encontrar el equilibrio en tu vida. En este mes se te anima a dar una mayor prioridad a la creación de vínculos, al establecimiento de un sentido de hogar y al cultivo de las relaciones. Éste es el momento de lograr un equilibrio entre las obligaciones personales y profesionales, y por fin dedicarte desinteresadamente a tus seres queridos. Tendrás que hacer malabarismos con las responsabilidades o te enfrentarás a conflictos, pero recuerda que cada obstáculo es una oportunidad para hacer más profundos y significativos tus vínculos con tus seres queridos y para ayudarte a cultivar una sensación de seguridad y pertenencia.

NÚMERO DEL MES PERSONAL 7

Prepárate para un mes de introspección, crecimiento espiritual y sabiduría interior. Te ha llegado el momento de sumergirte profundamente en tu mundo interior, de buscar las respuestas y los conocimientos que puedan guiarte en tu viaje. Quizá te atraigan la meditación, el tiempo a solas y el descubrimiento de tu intuición. Es un buen momento para la introspección, la investigación de caminos espirituales y el aprendizaje de conocimientos esotéricos. Te surgirán conflictos al enfrentarte a tus miedos o a la incertidumbre, pero cada momento de soledad o reflexión es una oportunidad para conectar con tu yo superior y descubrir verdades ocultas, lo que, sin duda, te conducirá a una profunda transformación personal.

NÚMERO DEL MES PERSONAL 8

Este mes habla de la abundancia, del éxito y de los logros. Te ha llegado el momento de asumir tu poder, de tomar las riendas de tu destino y de convertir tus sueños en realidad. Debes priorizar los objetivos materiales, el avance profesional y el éxito financiero. El 8 es el mes de los riesgos calculados, de la planificación estratégica y de la audacia. Te podrán surgir obstáculos a medida que asumas dinámicas de poder o tomes parte en nuevos asuntos financieros, pero recuerda que cada obstáculo es una oportunidad para aprovechar tu fuerza interior y tu ingenio, y que uno a uno te irán allanando el camino hacia la prosperidad y la realización.

NÚMERO DEL MES PERSONAL 9

Ábrete a un mes de finales, de cierres y de nuevos comienzos. Es hora de liberar lo que ya no te sirve y dejar paso a nuevas oportunidades y posibilidades. Deberías aceptar tu pasado, reflexionar sobre las experiencias vividas y estar preparado para los nuevos comienzos. Éste es definitivamente el mes para regalar amor a todas las personas, ser caritativo y mostrarte desinteresado. Según vayas dejando ir el pasado o a medida que te vayas enfrentando a la incertidumbre sobre el futuro, podrán presentarse obstáculos en tu vida, pero ten presente que cada despedida es una oportunidad para abrazar la transformación y dar la bienvenida al siguiente capítulo de tu viaje con los brazos abiertos.

NÚMERO MAESTRO DEL MES PERSONAL 11

Este mes encierra el potencial para la iluminación espiritual y las percepciones profundas. Es el momento para abrazar la intuición, aprovechar la sabiduría interior y confiar en la guía divina que te rodea. Te esforzarás por seguir tu intuición y te dejarás guiar por lo que te dicte tu voz interior, y puede que incluso te sientas atraído por las actividades espirituales. Encontrarás fácilmente ideas que te inspiren, y gracias a ellas alcanzarás un importante desarrollo y conseguirás la transformación personal. Experimentarás una mayor sensibilidad y vivirás tu despertar espiritual, y es posible que entonces te topes con dificultades, pero justo ahí te darás cuenta de que cada momento de conexión con tu yo superior es un paso más hacia el cumplimiento del propósito de tu alma y la aceptación de tus dones espirituales.

NÚMERO MAESTRO DEL MES PERSONAL 22

El 22 como número del mes personal vaticina un período de responsabilidad y de potencial para hacer realidad tus deseos y anhelos. A este número se le conoce como el «maestro constructor», y es que el 22 te anima a hacer realidad tus grandes sueños, a fijarte objetivos a largo plazo y a construir unos cimientos duraderos en tu vida. Este mes requiere dedicación, disciplina y liderazgo, pues conlleva una alta vibración espiritual que te empuja a alinearte con tu propósito superior y a perseverar en tus esfuerzos. Aunque puede parecer intenso, brinda oportunidades increíbles para el crecimiento personal y los logros.

(Nota: No hay un número maestro del mes personal 33.)

Análisis del número del mes personal

Escribe aquí tu número del mes personal: ....

1. ¿Cómo se refleja la energía de este número en las experiencias que estás viviendo y en los desafíos a los que te enfrentas en este momento de tu vida?

....

....

....

....

2. ¿De qué manera puedes aprovechar las cualidades de este número del mes personal para alinearlas con tus objetivos e intenciones?

....

....

....

....

3. ¿Qué lecciones u oportunidades de crecimiento ofrece la energía de este número del mes, y cómo puedes integrarlas en tu vida personal y profesional?

....

....

....

....

NÚMERO DEL DÍA PERSONAL

¿Alguna vez has sentido que cada día tiene su propia vibración única? Eso se debe a que cada día del mes tiene una energía especial, que se conoce como número del día, que va del 1 al 9 e incluye dos números maestros. Este número influye en la atmósfera, las oportunidades y los desafíos de ese día en particular. Y cuando se combina con tu propio número de año personal, consigues un conocimiento y una profundidad aún mayores.

Conocer tu número del día personal te ayuda a sintonizar con las energías diarias, pues te guía consecuentemente en tus relaciones, en tus decisiones y en tus acciones. Al alinearte con las energías dominantes de cada día, eres capaz de transitar por tu vida con mayor claridad, propósito y armonía. Tanto si buscas establecer tus propias metas, tomar decisiones importantes o simplemente aprovechar al máximo tu día, entender bien tu número del día personal puede ayudarte a utilizar los atributos naturales de cada día para hacer tus deseos realidad y vivir con mayor determinación. Sumérgete en el mundo de los números del día y comienza cada jornada rebosante de perspicacia e inspiración.

Calcula tu número del día personal

PASO 1: escribe el valor numérico del día del mes. Empieza escribiendo el valor numérico de la fecha de hoy o del día del mes que quieras analizar. Para este ejemplo se utiliza como fecha el día 27.

EJEMPLO	CÁLCULO
27	

PASO 2: reduce el número a un solo dígito. Recuerda que, si la fecha es un número de dos dígitos, tendrás que sumar sus dígitos hasta obtener un solo dígito.

EJEMPLO	CÁLCULO
2 + 7 = 9	

PASO 3: anota el valor numérico del mes y reduce el mes a un solo dígito. Para este ejemplo se utiliza el mes de octubre.

EJEMPLO	CÁLCULO
10 = 1 + 0 = 1	

PASO 4: suma los números que obtuviste en los pasos 2 y 4 a tu propio número del año personal para el año en curso, el cual ya calculaste en un ejercicio anterior. Si la suma es un número de dos dígitos distinto de 11 o de 22, redúcelo a un solo dígito sumando los dígitos. Para este ejemplo se utiliza el número del año personal 3.

EJEMPLO	CÁLCULO
3 + 9 + 1 = 13 = 1 + 3 = 4	

PASO 5: la suma de tu número del año personal y de tu número reducido actual de día y mes es tu número del día personal final. Puedes calcular tu número del día personal para el día actual o para cualquier día del mes.

EJEMPLO	CÁLCULO
4	

EL SIGNIFICADO DE CADA NÚMERO DEL DÍA PERSONAL

NÚMERO DEL DÍA PERSONAL 1

El número del día personal 1 habla de nuevos comienzos y de tomar la iniciativa. Es el día ideal para afirmar tu independencia, establecer nuevas metas y afrontar los desafíos con decisión. Puede que llegues a sentir una oleada de confianza y determinación, lo cual es perfecto para lanzarte a nuevos proyectos. Aprovechar esta energía te ayudará a allanar el camino para recorrer novedosos y emocionantes inicios y para impulsar tu crecimiento personal. Puesto que el 1 como número del día personal inspira a las personas a aceptar su poder interior y perseguir sus objetivos con certeza y compromiso, son muchísimas las oportunidades que brinda para el crecimiento personal y el autodescubrimiento.

NÚMERO DEL DÍA PERSONAL 2

Este día hace hincapié en la cooperación, en la diplomacia y en las relaciones. Es fantástico para fomentar la armonía y profundizar en las conexiones con los demás. Puede que percibas que te inclinas a mostrar empatía y generosidad, a resolver disputas de forma amistosa y a fomentar conexiones. El 2 como número del día personal pone de relieve el valor de la cooperación y del apoyo mutuo, y ayuda a las personas a desenvolverse en situaciones sociales con gracia y compasión. Con paciencia y comprensión, podrás crear lazos más fuertes e interacciones armoniosas, lo que convierte este día en uno gratificante y satisfactorio.

NÚMERO DEL DÍA PERSONAL 3

La creatividad, la autoexpresión y las interacciones sociales ocupan un lugar central en el 3 como número del día personal. Éste es un gran día para compartir tus ideas, conectar con amigos y dejar florecer tu lado más artístico. La fecha te invita a ser espontáneo y optimista, a ver la belleza de la vida y a compartir tus habilidades especiales con los demás. Los contactos sociales se tornan aún más estimulantes y enriquecedores, y ayudan a construir relaciones con las personas. Al abrazar tu creatividad e interactuar con los demás, experimentarás alegría e inspiración, lo que hará que el día sea vibrante y animado.

NÚMERO DEL DÍA PERSONAL 4

Un día personal número 4 requiere disciplina, organización y trabajo duro. Hay que concentrar todas las energías en construir unas bases sólidas y abordar tareas prácticas, y con el tiempo la perseverancia dará sus frutos. La energía de este día resalta por encima de todo el valor de la organización y la atención al detalle. Quizá descubras que te atraen la planificación a largo plazo y la realización de tareas prácticas, y trabajarás duro para alcanzar tus objetivos. Adopta la estructura y utiliza esta energía para progresar de manera constante hacia un día productivo y satisfactorio.

NÚMERO DEL DÍA PERSONAL 5

El 5 como número del día personal depara emoción, aventura y cambio. Es un día para abrazar la libertad, explorar nuevas oportunidades y ser espontáneo. Puede que te entren ganas de liberarte de cualquier subordinación o dependencia que te ate, que te sientas deseoso de abrazar el cambio y buscar nuevas experiencias. El espíritu de este día te invita a aceptar lo inesperado, a romper con viejos hábitos y a embarcarte en la aventura y el descubrimiento. Esta energía te anima a adaptarte a lo que venga y a aprovechar el momento, lo que te conduce a vivir experiencias estimulantes y a vivenciar tu propio crecimiento personal.

NÚMERO DEL DÍA PERSONAL 6

El amor, la familia y el hogar son los ejes del 6 como número del día personal. Se trata de un momento para cultivar las relaciones, crear armonía y encontrar el equilibrio. La energía de este día puede llevarte a anteponer las relaciones en primer lugar y a establecer un sentimiento de hogar y pertenencia. Pueden darse muchos actos de generosidad, compasión y amabilidad que crean satisfacción emocional y fortalecen las relaciones. Tu naturaleza solidaria te ayudará a profundizar las conexiones y promover una sensación de seguridad y pertenencia, lo que hará que el día de hoy sea emocionalmente satisfactorio.

NÚMERO DEL DÍA PERSONAL 7

El 7 como número del día personal es sinónimo de introspección, crecimiento espiritual y exploración de la sabiduría interior. La energía de este día te anima a sumergirte en tu yo interior e investigar búsquedas espirituales, lo que conduce a una mayor conciencia de ti mismo y del universo. Precisamente las búsquedas intelectuales, la intuición y las percepciones sobresalen aquí como caminos hacia la iluminación y el desarrollo personal. Éste es un día perfecto para la meditación, la reflexión o el estudio de algo profundamente interesante. Este tiempo a solas puede conducir a profundas percepciones y a la transformación personal, lo que lo convierte en un día de un significativo autodescubrimiento.

NÚMERO DEL DÍA PERSONAL 8

El número del día personal 8 simboliza el éxito, la ambición y la abundancia. Éste es un día para centrarse en la carrera profesional, en los asuntos financieros y en los objetivos a largo plazo. La energía de este día fomenta inmensamente la planificación estratégica, la asertividad y la asunción de riesgos calculados. Las oportunidades de inversión financiera, de emprendimiento empresarial y de progreso profesional serán abundantes a medida que te vayas dando cuenta de los beneficios de la persistencia y del esfuerzo. Al aprovechar tu fuerza interior y tu ingenio, podrás dar pasos significativos hacia la prosperidad y la realización, lo que hará que el de hoy sea un día altamente productivo.

NÚMERO DEL DÍA PERSONAL 9

El 9 como número del día personal habla de finales, culminaciones y nuevos comienzos. Es posible que te sientas motivado a hacer buenas obras y servir a los demás, lo que indudablemente fomentaría la empatía y un sentimiento de comunidad. La energía de este día también promueve la aceptación del amor universal y el dejar ir el pasado, lo que da como resultado una profunda sensación de paz interior y tranquilidad. Es un día para dejar atrás el ayer, aceptar la transformación y dar paso a nuevas oportunidades. Cada cierre es una buena ocasión para la renovación y el crecimiento, lo que hace de hoy un poderoso momento para aceptar el cambio.

NÚMERO MAESTRO DEL DÍA PERSONAL 11

El 11 como número maestro del día personal encierra el potencial para la iluminación espiritual y unas percepciones profundas. Es un día para confiar en tu intuición y conectar con tu yo superior. Podrás ser capaz de percibir en profundidad y conseguir una mayor sensibilidad, lo que podría hacerte perseguir un propósito aún mayor. La energía de este día te inspira a seguir tu intuición y a aceptar tus habilidades espirituales. Todas estas experiencias pueden conducir a una mayor comprensión y al cumplimiento del propósito de tu alma, lo que hará que el día de hoy sea profundamente transformador e inspirador.

NÚMERO MAESTRO DEL DÍA PERSONAL 22

El 22 como número maestro del día personal tiene que ver con la manifestación magistral y la sabiduría práctica. Es el momento de hacer realidad los grandes sueños y de causar un impacto duradero. Te sentirás más seguro para asumir proyectos desafiantes y alcanzar enormes resultados a gran escala. La energía de este día fomenta la planificación estratégica, la acción disciplinada y el aprovechamiento al máximo de las capacidades y de los recursos propios para hacer realidad ideas nobles. Al aprovechar tu fuerza interior y tus habilidades prácticas, puedes lograr resultados extraordinarios e inspirar a quienes te rodean, con lo que el día de hoy se vuelve excepcionalmente poderoso.

(Nota: no hay un número maestro del día personal 33.)

Análisis del número del día personal

Escribe aquí tu número del día personal: ....

1. ¿Cómo se refleja la energía de este número en las experiencias que estás viviendo y en los desafíos a los que te enfrentas en este momento de tu vida?

....

....

....

....

2. ¿De qué manera puedes aprovechar las cualidades de este número para sortear los obstáculos y aprovechar al máximo las oportunidades que se te presentan?

....

....

....

....

3. ¿Qué lecciones o conocimientos puedes aprender de la energía de tu número, y cómo puedes integrarlos en tus acciones y decisiones en el futuro?

....

....

....

....

NÚMERO DE MADUREZ

Una de las cosas que me encantan de la numerología es que habla de todo tu ser y tiene en cuenta tu pasado, tu presente y tu futuro. Y es que sucede que los números relacionados con el futuro no están todos en el futuro inimaginable; algunos te orientan sobre quién serás y cómo cambiarás en los próximos años. Uno de esos números es el número de madurez.

Este número de madurez revela todos aquellos temas y lecciones subyacentes que es probable que experimentes en la adultez, especialmente a partir de los treinta y tantos. Este número se calcula utilizando tan sólo tu fecha de nacimiento y te servirá como una brújula que señala las principales áreas de enfoque y las oportunidades de crecimiento espiritual que se presentan en la vida adulta.

Tu número de madurez también predecirá los rasgos que es muy probable que adoptes a medida que vayas envejeciendo, y llamará tu atención sobre las fortalezas, las debilidades y los posibles desafíos que podrían ir apareciendo en tu vida según transitas las complejidades de la madurez. Si te atreves a confiar en este número como guía, te inspirará a tomar las riendas de tus acciones, a desarrollar conocimientos y a trabajar para alcanzar un mayor nivel de realización y autoconciencia.

Calcula tu número de madurez

PASO 1: comienza escribiendo tu fecha de nacimiento completa en el formato MM/DD/AAAA (mes/día/año).

EJEMPLO	CÁLCULO
09/04/1981	

PASO 2: calcula la suma de tu fecha de nacimiento. Para ello, suma todos los dígitos de tu fecha de nacimiento para obtener un total.

EJEMPLO	CÁLCULO
0 + 9 + 0 + 4 + 1 + 9 + 8 + 1 = 32	

PASO 3: reduce la suma a un solo dígito. Si el total obtenido en el paso 2 es un número de dos dígitos distinto de 11, 22 o 33, redúcelo aún más sumando los dígitos hasta obtener un solo dígito.

EJEMPLO	CÁLCULO
32 = 3 + 2 = 5	

PASO 4: escribe tu nombre completo tal y como aparece en tu partida de nacimiento. Esto incluye tu nombre, primer apellido y segundo apellido. Si contrajiste matrimonio y después empezaste a usar el apellido de tu cónyuge, haz este cálculo utilizando tu nombre de soltera. Si ya no utilizas el nombre que figura en tu partida de nacimiento, utiliza el nombre, primer apellido y segundo apellido que hayas escogido.

EJEMPLO	CÁLCULO
BEYONCÉ GISELLE KNOWLES	

PASO 5: asigna valores numéricos a cada letra de tu nombre.

1	2	3	4	5	6	7	8	9
A	B	C	D	E	F	G	H	I
J	K	L	M	N	O	P	Q	R
S	T	U	V	W	X	Y	Z	

EJEMPLO	CÁLCULO
Beyoncé 2 + 5 + 7 + 6 + 5 + 3 + 5 Giselle 7 + 9 + 1 + 5 + 3 + 3 + 5 Knowles 2 + 5 + 6 + 5 + 3 + 5 + 1	Nombre: Primer apellido: Segundo apellido:

PASO 6: calcula el valor de cada nombre. Para cada nombre (nombre, primer apellido y segundo apellido), suma los valores numéricos asignados a cada letra.

EJEMPLO	CÁLCULO
Nombre: 2 + 5 + 7 + 6 + 5 + 3 + 5 = 33 Primer apellido: 7 + 9 + 1 + 5 + 3 + 3 + 5 = 33 Segundo apellido: 2 + 5 + 6 + 5 + 3 + 5 + 1 = 27	Nombre: Primer apellido: Segundo apellido:

PASO 7: reduce cada nombre a un solo dígito. Si el total de cualquier nombre es un número de dos dígitos, continúa sumando los dígitos hasta llegar a un número de un solo dígito.

EJEMPLO	CÁLCULO
Nombre: 33	Nombre:
Primer apellido: 33	Primer apellido:
Segundo apellido: 2 + 7 = 9	Segundo apellido:

PASO 8: una vez que hayas reducido los valores de cada nombre, súmalos todos para obtener el número de expresión total.

EJEMPLO	CÁLCULO
3 + 3 + 3 + 3 + 2 + 7 = 21	

PASO 9: reduce el total a un solo dígito (o número maestro). Si el total del paso 8 es un número de dos dígitos distinto de 11, 22 o 33, continúa sumando los dígitos hasta obtener un número de un solo dígito.

EJEMPLO	CÁLCULO
21 = 2 + 1 = 3	

PASO 10: suma el número calculado en los pasos 3 y 9. Redúcelo a un solo dígito (o número maestro).

EJEMPLO	CÁLCULO
5 + 3 = 8	

PASO 11: el número de un solo dígito (o número maestro) obtenido en el paso 10 es tu número de madurez final. Ahora, reflexiona sobre los significados asociados con el número de madurez reducido para comprender mejor lo referente a tu carácter en constante evolución, a tu crecimiento personal y a tu trayectoria vital.

EJEMPLO	CÁLCULO
8	

EL SIGNIFICADO DE CADA NÚMERO DE MADUREZ

NÚMERO DE MADUREZ 1

El 1 como número de madurez promueve el liderazgo y la independencia a medida que uno va haciéndose mayor. Durante este tiempo, te verás obligado a forjar tu propio camino, y a menudo se te pedirá que des ejemplo a los demás. El desarrollo personal y la independencia se convierten en temas importantes. Más adelante en tu vida, es posible que te veas obligado a lidiar con cuestiones como la duda y la necesidad de afirmarte. Aceptar estos obstáculos te ayudará a convertirte en una persona segura de sí misma y pionera que, con innovación y valentía, inspira a los demás.

NÚMERO DE MADUREZ 2

El número de madurez 2 se va volviendo más influyente a medida que suma años y hace hincapié en la colaboración, las relaciones y la sensibilidad. Si el 2 es tu número de madurez, probablemente descubrirás que crear armonía y conexiones profundas se tornará crucial para ti. Te toparás con obstáculos, como tener que superar los desacuerdos y que desarrollar la paciencia. Recuerda que la inteligencia emocional mejora cuando eres capaz de mediar en conflictos y ayudar a otros a medida que creces. Más adelante en la vida, prosperarás en entornos que respeten la comprensión y la diplomacia, y consolidarás cada vez más tu reputación como amigo de confianza y pacificador.

NÚMERO DE MADUREZ 3

El 3 como número de madurez destaca la creatividad, la autoexpresión y la alegría en tu vida adulta. Tendrás que esforzarte por mantener tu optimismo y utilizar tus habilidades artísticas para motivar a los demás. Este número te invita a ser siempre alegre y de mente abierta, y a conservar esa actitud a medida que vayas envejeciendo, al tiempo que compartes tus conocimientos y opiniones a través de actividades creativas. Justo el aceptar tu lado expresivo te ayudará a convertirte en una persona dinámica y poderosa que inspira a los demás con su ingenio y su enfoque optimista de la vida.

NÚMERO DE MADUREZ 4

El 4 como número de madurez pone todo el énfasis en la estabilidad, en el trabajo duro y en el sentido práctico. A medida que vayas entrando en la edad madura, te irás topando con obstáculos que pondrán a prueba tu autocontrol y tus habilidades de organización. Durante este tiempo, debes hacer hincapié en la importancia de sentar unas bases sólidas y participar en proyectos a largo plazo. Superar estos obstáculos te permitirá convertirte en una persona confiable y sensata. Según vaya pasando el tiempo, tu capacidad para ofrecer orientación y asistencia se irá tornando cada vez más importante, lo que consolidará tu posición como figura clave tanto en el ámbito personal como en el profesional.

NÚMERO DE MADUREZ 5

El número de madurez 5 trae consigo ideas de aventura, adaptabilidad y libertad. Probablemente te enfrentarás a obstáculos que te obliguen a aceptar el cambio y a buscar nuevas experiencias. Este número te inspira a aceptar la naturaleza impredecible de la vida, y a mantenerte adaptable y de mente abierta. Tu capacidad para manejar el cambio se irá convirtiendo en una habilidad cada vez más valiosa a medida que vayas avanzando. De más mayor, seguirás conservando una gran curiosidad y un espíritu resiliente, una actitud que inspirará a los otros a disfrutar de la esencia dinámica de la vida.

NÚMERO DE MADUREZ 6

El 6 como número de madurez ensalza por encima de todo la responsabilidad, la ternura y el cuidado de los demás. A medida que vayas madurando, se te presentarán en el camino dificultades que exigirán de ti que ayudes y orientes a otros, y con frecuencia tendrás que priorizar los intereses tanto de tu familia como de tu comunidad. Esta etapa te animará a desarrollar tu lado más compasivo y a asumir todas aquellas funciones que impliquen cuidado y servicio. Conseguirás desarrollarte a través de estas dificultades y acabarás siendo un pilar de apoyo para los demás. Con cada año que sumes, tu personalidad solidaria seguirá construyendo relaciones sólidas y amorosas, lo que te convertirá en una persona muy querida en tus círculos sociales.

NÚMERO DE MADUREZ 7

Los temas del número de madurez 7 tienen que ver con la introspección, la sabiduría y el desarrollo espiritual. Las dificultades que conlleva la edad motivan la reflexión y la búsqueda de conocimiento. Es la necesidad de aislarte y de descifrar los secretos de la vida la que caracteriza esta época. Superar estos desafíos te permite convertirte en una persona perceptiva e inteligente. Cuando compartes tu sabiduría y tus conocimientos espirituales con aquellos que buscan un propósito más profundo en su vida, tu perspicaz visión de la existencia se acaba convirtiendo en un faro de esperanza para todos los demás.

NÚMERO DE MADUREZ 8

Con el 8 como número de madurez, tu vida adulta gira en torno al poder, a la ambición y al éxito material. Quizá te encuentres con dificultades que pongan a prueba tus habilidades financieras y de liderazgo. Durante este tiempo, se realzará la importancia de alcanzar objetivos y gestionar eficientemente los recursos. El hecho de superar estas dificultades te permitirá convertirte en una persona fuerte y querida. A medida que pasen los años, tu capacidad para cosechar éxitos y generar posibilidades motivará a los demás, lo que reafirmará tu fama como una persona muy influyente y poderosa.

NÚMERO DE MADUREZ 9

El número de madurez 9 pone todo el énfasis en la compasión, en el humanitarismo y en la comprensión universal. A medida que vayas madurando, te irás topando con obstáculos que te obligarán a anteponer el bien común a tus propios intereses. Así, durante esta etapa se te anima a poner en práctica el altruismo y la empatía. Al superar estos obstáculos, te convertirás en un brillante ejemplo de bondad y generosidad. Y luego, más adelante en tu vida, tu dedicación a ayudar a las personas y a cambiar el mundo para mejor te hará único y excepcional.

NÚMERO MAESTRO DE MADUREZ 11

El 11 como número maestro de madurez ofrece una mayor inspiración, perspicacia espiritual e intuición. Con este número, los retos de la madurez te obligan a desarrollar tus habilidades intuitivas y a aplicarlas para elevar a los demás. Este período de tiempo resalta la importancia de lograr un equilibrio entre tus aspiraciones espirituales y la realidad cotidiana. Lograr superar estos obstáculos que se te presenten te ayudará a convertirte en un mentor espiritual y un líder motivador. Tiempo después en la vida, todo el mundo verá en ti a una persona respetada gracias a tu capacidad para establecer conexiones significativas con los demás y transmitir una visión profunda.

NÚMERO MAESTRO DE MADUREZ 22

El número de madurez 22, que también es un número maestro, insiste reiteradamente en la construcción de legados, en el sentido práctico y en el perfeccionamiento. La madurez implica desafíos que ponen a prueba tu capacidad para convertir tus grandes visiones en realidad. De ahí que éste sea un momento para desarrollar tu potencial y trabajar en proyectos duraderos y significativos. Al superar estos obstáculos, te convertirás en un maestro constructor capaz de combinar la aplicación práctica con la comprensión espiritual. Tus esfuerzos y logros en la adultez servirán como monumento a tus notables cualidades, y conseguirán dejar un legado duradero.

NÚMERO MAESTRO DE MADUREZ 33

A menudo considerado «el maestro de los maestros», el número maestro 33 representa la cúspide de la conciencia espiritual y la compasión. Este número de madurez te empuja a aceptar tu responsabilidad como inspiración y guía para los demás a medida que vas cumpliendo años. Es muy posible que tengas que encontrar el equilibrio entre las exigencias de la vida diaria y tu enorme capacidad de servicio. Pero cuando superes estos obstáculos, te convertirás en un sanador y mentor profundo, capaz de transformar a quienes te rodean con tu sabiduría, empatía e influencia.

Análisis del número de madurez

Escribe aquí tu número de madurez: ....

1. ¿Cómo se refleja tu número de madurez en las experiencias vitales y en las lecciones con que te has encontrado hasta ahora?

....

....

....

....

2. ¿De qué manera puedes aprovechar las cualidades de este número de madurez para hacer frente a los retos futuro e ir persiguiendo sueños a medida que vas sumando años?

....

....

....

....

3. ¿Qué ideas o temas surgen en tu mente cuando te detienes a reflexionar sobre el significado de tu número de madurez, y de qué modo podrías integrarlos en tu camino de crecimiento personal de cara al futuro?

....

....

....

....

NÚMEROS DE LECCIONES KÁRMICAS

Los números de lecciones kármicas revelan ciertos desafíos o lecciones que debes enfrentar y aprender durante tu vida. Estos números, que suelen determinarse examinando la presencia o ausencia de ciertos dígitos en tu nombre o fecha de nacimiento, señalan posibles desequilibrios kármicos futuros o asuntos no resueltos de tus vidas pasadas.

Cada número de lección kármica se relaciona con un aspecto específico del desarrollo personal o hábito que necesita ajuste. Todas estas enseñanzas se consideran kármicas porque brindan oportunidades para la expansión del alma y el avance espiritual en la vida actual, y reflejan patrones o inclinaciones que puedes haber arrastrado de encarnaciones pasadas.

Así, los números de lecciones kármicas sirven, en última instancia, como recordatorio de que sólo nosotros somos dueños de nuestro propio destino. Podremos construir un futuro más pacífico y armonioso para nosotros mismos y para los demás una vez que seamos capaces de enfrentarnos a nuestros traumas pasados y abrazar el crecimiento. Al reconocer y aceptar estas áreas de dificultad, podremos trabajar conscientemente para superarlas y lograr un mayor equilibrio y satisfacción en nuestras vidas.

Habitualmente, todos tenemos tres números de lecciones kármicas. Estos números resaltan aquellas áreas en las que nos hacen falta crecimiento y aprendizaje. Podríamos decir que nos recuerdan que cada uno de nosotros, como individuos, podemos confrontar los retos que requieran de nuestra atención y resolución. Cuando un número específico aparece dos veces, la repetición no hace sino resaltarnos la importancia de esa lección en particular. En este caso, los desafíos asociados con este número son más pronunciados y nos exigen un mayor enfoque y esfuerzo para superarlos.

Si en tu tabla siempre se repiten los mismos números, es porque hay un foco significativo en las lecciones asociadas con los números presentes, lo que indica áreas intensas de crecimiento. Cada número que falta apunta a cualidades o habilidades que están poco desarrolladas o descuidadas. Cuantos más números falten, más exhaustivas serán las lecciones que hayan de abordarse. Eso indica que la persona tendría que adquirir una amplia gama de cualidades para lograr el equilibrio y la realización.

CALCULA TUS NÚMEROS DE LECCIONES KÁRMICAS

1. Escribe tu nombre completo tal y como aparece en tu partida de nacimiento. Esto incluye tu nombre, primer apellido y segundo apellido. Si contrajiste matrimonio y después empezaste a usar el apellido de tu cónyuge, haz este cálculo utilizando tu nombre de soltera. Si ya no utilizas el nombre que figura en tu partida de nacimiento, utiliza el nombre, primer apellido y segundo apellido que hayas escogido.

CÁLCULO

2. Asigna valores numéricos a cada letra de tu nombre.

1	2	3	4	5	6	7	8	9
A	B	C	D	E	F	G	H	I
J	K	L	M	N	O	P	Q	R
S	T	U	V	W	X	Y	Z	

CÁLCULO

3. Calcula el valor numérico de cada nombre. Suma los valores numéricos de cada nombre para obtener un total para cada nombre.

CÁLCULO

4. Reduce cada total a un solo dígito. Si alguno de los totales obtenidos en el paso 3 es un número de dos dígitos, sigue reduciéndolo hasta obtener un número de un solo dígito. Por ejemplo, el total de «John» es 20, así que suma 2 + 0 para obtener 2.

CÁLCULO

5. Identifica la ausencia o abundancia de dígitos específicos. Busca patrones en los totales de un solo dígito obtenidos en el paso 4. Fíjate en si hay algún dígito cuya ausencia o repetición llame especialmente la atención. Estos dígitos representan los números de lecciones kármicas.

REFLEXIÓN

6. Interpreta los números de lecciones kármicas. Cada número de lección kármica se relaciona con un reto concreto o lección al que te debes enfrentar y que has de superar en tu vida. Reflexiona sobre los significados asociados a los números de lecciones kármicas identificados y considera de qué modo podrían manifestarse en tu vida.

REFLEXIÓN

EL SIGNIFICADO DE CADA NÚMERO DE LECCIÓN KÁRMICA

NÚMERO 1: Representa la independencia, el liderazgo y la iniciativa, e insta a las personas a tomar las riendas de sus vidas y a perseguir sus objetivos con confianza.

NÚMERO 2: Significa cooperación, diplomacia y empatía. Hace hincapié en la importancia de la colaboración y del equilibrio en las relaciones e interacciones.

NÚMERO 3: Encarna la creatividad, la autoexpresión y la alegría, e inspira a las personas a explorar sus talentos artísticos y abrazar la espontaneidad.

NÚMERO 4: Simboliza la estabilidad, la organización y la diligencia, y guía a las personas a construir unas bases sólidas y trabajar diligentemente hacia sus objetivos.

NÚMERO 5: Representa la libertad, la versatilidad y la aventura, y anima a las personas a aceptar el cambio y buscar nuevas experiencias.

NÚMERO 6: Refleja la crianza, la responsabilidad y el amor incondicional; destaca la importancia de la familia, de la comunidad y del cuidado de los demás.

NÚMERO 7: Significa introspección, espiritualidad y sabiduría, e invita a las personas a profundizar en su interior y buscar verdades espirituales.

NÚMERO 8: Encarna la ambición, el éxito y la abundancia, y guía a las personas a perseguir sus aspiraciones y alcanzar la prosperidad financiera.

NÚMERO 9: Representa la transformación, el humanitarismo y la armonía, y anima a las personas a dejar atrás el pasado, aceptando el cambio y ayudando.

NÚMEROS DE DEUDAS KÁRMICAS

La deuda kármica puede ser una píldora demasiado difícil de tragar. Transmite la idea de que es posible tener lecciones sin resolver o asuntos pendientes de experiencias anteriores a lo largo de varias vidas anteriores. Sin embargo, a veces tenemos problemas, patrones o ciclos (¡no te olvides de que aquí estamos buscando conocer tus números de ciclo!) que surgen en tu vida y parecen no tener ninguna base en tus vivencias actuales. Sucede que quizá sean restos de vidas pasadas.

La numerología explora esta cuestión a través de los números de deuda kármica, que suelen ser 13, 14, 16 y 19. Se piensa que son marcadores de dificultades u obstáculos específicos a los que las personas pueden enfrentarse en su vida presente como resultado de las elecciones o de los actos del pasado. Es importante señalar que el propósito de los números de deuda kármica no es en ningún momento culpar ni buscar culpables por lo acontecido en vidas anteriores. Estos números más bien funcionan como instrumentos para la introspección y la autoconciencia, y arrojan luz sobre por qué pueden haber surgido ciertos patrones en diversas áreas de la vida de una persona. Así, la deuda kármica puede verse como una oportunidad para el desarrollo y el cambio en lugar de como un castigo.

En última instancia, la idea de la deuda kármica en numerología sirve como guía para que los individuos puedan transitar las sendas de su vida con conciencia, propósito y empoderamiento.

CALCULA TUS NÚMEROS DE DEUDAS KÁRMICAS

1. Comienza escribiendo tu fecha de nacimiento completa en el formato MM/DD/AAAA (mes/día/año). Es decir, si tu fecha de nacimiento es el 3 de octubre de 1989, tendrías que escribir 10/03/1989.

CÁLCULO

2. Calcula tu número del camino vital. Para ello, suma todos los dígitos de tu fecha de nacimiento para obtener un total. Siguiendo con el ejemplo de la fecha anterior, sería: 1 + 3 + 1 + 9 + 8 + 9 = 31. Aquí no reduzcas ningún número de dos dígitos a un solo dígito.

CÁLCULO

3. Identifica los números de deuda kármica. Busca los números 13, 14, 16 y 19 en el cálculo de tu fecha de nacimiento. Si alguno de estos números mencionados aparece durante el cálculo de tu número del camino vital, resultará que tienes una deuda kármica asociada con ese número. Si tu número del camino vital es 1, 4, 5 o 7, es probable que tengas al menos un número de deuda kármica.

Echemos un vistazo al siguiente ejemplo: 1 + 3 + 1 + 9 + 8 + 9 = 31. En esta secuencia, el 1 + 9 se interpreta como 19. Por ello, concluimos que esta persona tiene como número de deuda kármica el 19, por lo que hemos de investigarlo más.

CÁLCULO

4. Reflexiona sobre el significado. Una vez que hayas identificado tus números de deuda kármica, tómate un tiempo para pensar en sus significados y considerar cómo pueden manifestarse en tu vida. Haz memoria y piensa en cualquier desafío u obstáculo recurrente al que te hayas enfrentado y trata de ver cómo se relacionan con los temas asociados a tus números de deuda kármica.

REFLEXIÓN

5. Trabaja para resolverlos. Utiliza esta toma de conciencia como una oportunidad para crecer y sanar. Identifica cualquier hábito o comportamiento que pueda estar reteniéndote y comprométete a superarlo con intención y conciencia de ti mismo. Al enfrentarte directamente a tus deudas kármicas, empezarás a liberarte de las limitaciones del pasado y lograrás crear una vida más satisfactoria y armoniosa.

REFLEXIÓN

EL SIGNIFICADO DE CADA NÚMERO DE DEUDA KÁRMICA

NÚMERO 13: El número 13 como deuda kármica es un símbolo transitorio de perturbación o malestar que puede manifestarse como cambios inesperados o agitaciones imprevistas en diversos aspectos de la vida, como las relaciones, la profesión y la salud. Las personas que tienen este número de deuda pueden encontrarse con circunstancias que las obligan a salir de sus zonas de confort y les dificultan el cambio y el progreso. A modo de ejemplo, podemos pensar en la pérdida repentina de un trabajo que fuerza a un cambio profesional, en la ruptura de una relación duradera que lleva a la introspección y al desarrollo personal, o en problemas médicos que requieren ajustes en el estilo de vida para mejorar la salud en general.

NÚMERO 14: El 14 como número de deuda kármica refleja las lecciones aprendidas en autocontrol y la moderación. A menudo se manifiesta en forma de impulsividad o se ve cuando actuamos sin moderación. Las personas podrían encontrarse frecuentemente en situaciones en las que deben lidiar con las consecuencias de juicios precipitados o actos motivados por una satisfacción rápida. Algunos ejemplos son las oportunidades perdidas por falta de atención o disciplina, los problemas financieros provocados por el gasto excesivo y las relaciones dañadas por una conducta o comunicación impulsivas.

NÚMERO 16: El número 16 como deuda kármica representa las dificultades relacionadas con la responsabilidad personal y la integridad. Dichas complicaciones pueden adoptar la forma de obstáculos persistentes que ponen a prueba la brújula moral o incluso el sentido de la obligación de una persona. Habitualmente, estas dificultades se centran en cuestiones de integridad, honestidad y responsabilidad, tanto en el aspecto personal como en el profesional. Entre los ejemplos está el hacer frente a las consecuencias de la deshonestidad o de una actividad poco ética, manejar los problemas provocados por la falta de integridad o abordar los fracasos consecuencia del descuido o de la irresponsabilidad.

NÚMERO 19: El 19 como número de deuda kármica, que representa los desafíos vinculados al altruismo y al servicio a los demás, anima a las personas a superar las tendencias egoístas y adoptar una mentalidad de compasión y humanitarismo. Las dificultades que plantea este número pueden implicar aprender a anteponer las necesidades de los demás a los propios intereses en aras del bien común. Como ejemplo, estaría el sentirse insatisfecho hasta que se conoce la alegría de ayudar a los demás, el encontrar puntos de fricción en las relaciones debido a una conducta egocéntrica y el sufrir contratiempos en el crecimiento profesional debido a una falta de cooperación o colaboración.

Tus números de ciclo

Ahora que ya has calculado tus seis números de ciclo, ¿cómo te sientes? ¿Consideras que reflejan con precisión tu experiencia en el mundo, en especial aquellas lecciones o esos desafíos que parecen repetirse insistentemente a lo largo de tu vida? Compílalos todos aquí para que puedas revisarlos en conjunto

MI NÚMERO DEL AÑO PERSONAL ACTUAL: ....

Resumen de su significado: ....

....

....

Mis notas: ....

....

MI NÚMERO DEL MES PERSONAL ACTUAL: ....

Resumen de su significado: ....

....

....

Mis notas: ....

....

MI NÚMERO DEL DÍA PERSONAL ACTUAL: ....

Resumen de su significado: ....

....

....

Mis notas: ....

....

MI NÚMERO DE LECCIÓN KÁRMICA: ....

Resumen de su significado: ....

....

....

Mis notas: ....

....

MI NÚMERO DE MADUREZ: ....

Resumen de su significado: ....

....

....

Mis notas: ....

....

MI(S) NÚMERO(S) DE DEUDA KÁRMICA: ....

Resumen de su significado: ....

....

....

Mis notas: ....

....

INTEGRA TUS NÚMEROS

Al usar conjuntamente tus números de ciclo y tus números básicos, lograrás profundizar en tu conocimiento y destacar las conexiones que existen entre muchos aspectos de tu vida presentes en el camino numerológico del autodescubrimiento. Cuando investigas las formas en que los números de deuda kármica coexisten con los números básicos, consigues desentrañar temas recurrentes, obstáculos y hasta posibilidades para tu desarrollo personal. A través de la reflexión y de la conciencia, podrás sortear los giros y reveses de la vida con mayor sabiduría y resiliencia, para terminar alcanzando tu verdadero potencial y cumpliendo el propósito de tu alma.

Con el siguiente ejercicio, aprenderás a explorar la integración de tus propios números básicos y de ciclo.

Reflexión sobre la integración

1. Piensa cómo una experiencia o dificultad importante de tu vida reciente se relaciona con tu número del año personal actual y con los números básicos.

....

....

....

2. Fíjate en las conexiones entre las oportunidades y los problemas derivados de las influencias de tu número de deuda kármica y de tu número del año personal, y las enseñanzas y los temas de tus números de camino vital, expresión e impulso del alma.

....

....

....

3. Anota cualquier nueva idea que hayas tenido después de reflexionar, y asegúrate de incluir cualquier vínculo, tendencia u oportunidad de mejora.

....

....

....

4. Esta práctica te ayuda a comprender mejor cómo interactúan los diferentes factores numerológicos para moldear tu camino vital.

....

....

....

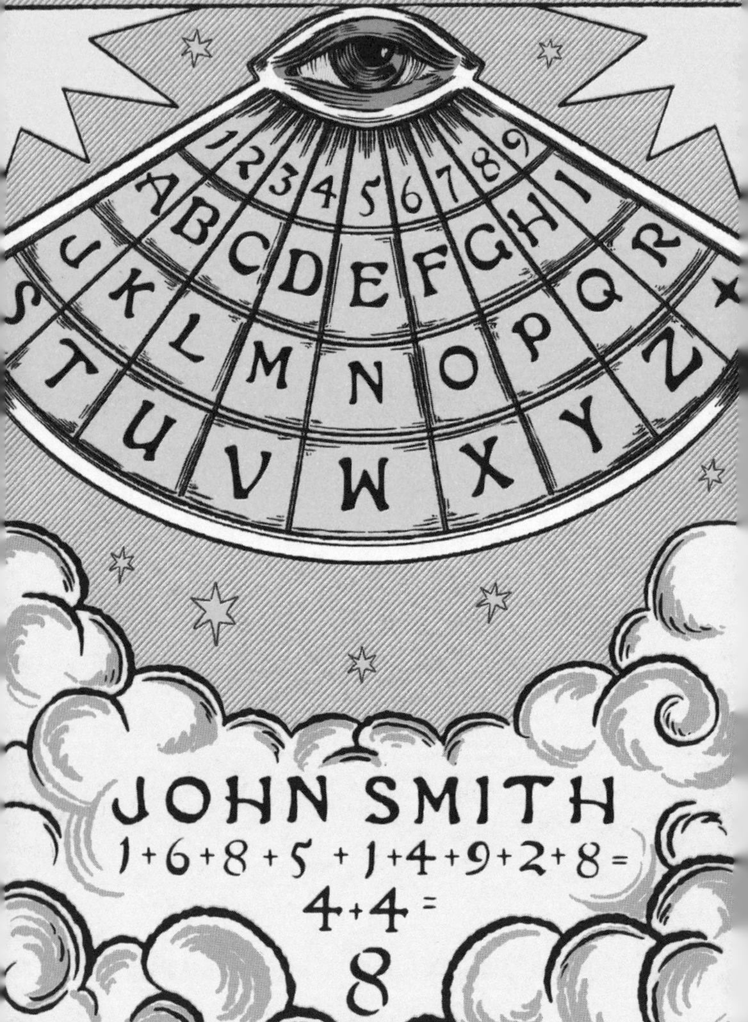

1 2 3 4 5 6 7 8 9
A B C D E F G H I
J K L M N O P Q R
S T U V W X Y Z
JOHN SMITH
1+6+8+5 +1+4+9+2+8=
4+4=
8

CAPÍTULO 4

Decodifica tus tablas

AHORA YA ESTÁS listo para empezar a unir las piezas; es hora de relacionar algunas tablas, y ver cómo interactúan y se entrelazan sus diversos números. El proceso de descifrar tablas numerológicas te abrirá las puertas a la comprensión de tu yo interior y de la senda de tu vida con más detalle y profundidad que los números individuales por sí solos. Así, este capítulo te invita a viajar a través de compatibilidades, flechas, tablas de nacimiento, tablas de nombres, etcétera, para profundizar en el campo del análisis numerológico. Cuando llegues al final, comprenderás el profundo impacto que los números tienen en nuestras vidas, al dar forma a nuestros destinos, experiencias y personalidades.

Aprenderás que cada carta numerológica te proporciona una visión única de los diferentes aspectos de una persona. Por ejemplo, tu carta del nombre te revela las energías vibratorias y las influencias vinculadas a tu nombre, y te ofrece nuevas perspectivas sobre tu personalidad y tu destino. Por su parte, las compatibilidades aclaran la concordancia de los diferentes números de tus tablas y te proporcionan orientación sobre cómo relacionarte con los demás. Por último, las flechas simbolizan indicadores direccionales y áreas potenciales de crecimiento y transformación.

Observar las relaciones y correlaciones que existen entre los diferentes números te permitirá tomar decisiones mejores y más informadas a medida que vayas creciendo y evolucionando a lo largo de tu vida.

TABLA DE NACIMIENTO

Conocer y entender tu tabla de nacimiento te proporciona una comprensión más profunda de la trayectoria de tu vida que el simple cálculo de tu número del camino vital. Y es que tu tabla de nacimiento explora distintos aspectos de tu identidad y las formas en que interactúan los diversos componentes de tu carácter, mientras que tu número del camino vital tan sólo ofrece una visión general de tu personalidad y propósito central.

Explorar en profundidad tu tabla de nacimiento te ayudará a comprender mejor las diversas energías y los diferentes temas que afectan a tu vida. Así, esta perspectiva global te permitirá identificar tus habilidades especiales y talentos únicos, y hacer un buen uso de ellos. También llamará tu atención sobre los posibles desafíos y lecciones, lo que te permitirá superar los obstáculos que se presenten en tu vida con resiliencia y perspicacia.

Además, tu tabla de nacimiento te permite ver lo que realmente te satisface y llena al revelarte tus motivos y objetivos subyacentes. Sin duda, este conocimiento te ayudará a tomar decisiones que estén en consonancia con tus pasiones y creencias fundamentales, lo que hará que tu vida sea mucho más plena, satisfactoria y significativa. También arroja luz sobre cómo te ven los demás, lo que te ayuda a ser más consciente de ti mismo y a crear vínculos más fuertes con las personas.

Por último, trabajar con tu tabla de nacimiento supone crear un plan de acción integral para tu desarrollo y realización personal. Te ayuda a conectar tus acciones con quién eres realmente al integrar diferentes aspectos de tu personalidad y experiencias vitales. Por tanto, las energías y los temas de tu tabla de nacimiento pueden ayudarte a recorrer el camino de la vida con más confianza, determinación y claridad.

Calcula tu tabla de nacimiento

PASO 1: comienza escribiendo tu fecha de nacimiento completa en el formato MM/DD/AAAA (mes/día/año).

EJEMPLO	CÁLCULO
MARZO 25, 2000 03/25/2000	

PASO 2: realiza las primeras sumas. Calcula las sumas de tu mes, día y año de nacimiento respectivamente. Por ejemplo:

EJEMPLO	CÁLCULO
Mes de nacimiento: 0 + 3 = 3	Mes de nacimiento:
Día de nacimiento: 25 = 2 + 5 = 7	Día de nacimiento:
Año de nacimiento: 2000 = 2 + 0 + 0 + 0 = 2	Año de nacimiento:

PASO 3: reduce tus sumas iniciales a un solo dígito. Si el total obtenido en estos cálculos iniciales es un número de dos dígitos, redúcelo aún más sumando los dígitos hasta obtener un número de un solo dígito. Así:

EJEMPLO	CÁLCULO
Mes de nacimiento: 12 = 1 + 2 = 3	Mes de nacimiento:
Día de nacimiento: 27 = 2 + 7 = 9	Día de nacimiento:
Año de nacimiento: 22 = 2 + 2 = 4	Año de nacimiento:

PASO 4: suma ahora todas las sumas reducidas. Una vez que hayas reducido cada componente a un solo dígito, suma los tres números de un solo dígito (los números de tu mes, día y año) para obtener tu resultado.

EJEMPLO	CÁLCULO
3 + 9 + 4 = 16	

PASO 5: reduce la suma a un solo dígito (si es necesario). Si el total obtenido en el paso 4 es un número de dos dígitos distinto de 11 o 22, redúcelo aún más sumando los dígitos hasta obtener un número de un solo dígito.

EJEMPLO	CÁLCULO
16 = 1 + 6 = 7	

PASO 6: el número de un solo dígito (o número maestro) obtenido en el paso 5 es tu número del sendero natal final, el cual representa la esencia de tu identidad y tu propósito en la vida. Reflexiona sobre las cualidades asociadas a tu tabla de nacimiento para obtener información sobre tu personalidad, tus fortalezas y tu trayectoria vital.

EJEMPLO	CÁLCULO
7	

EL SIGNIFICADO DE CADA NÚMERO DEL SENDERO NATAL

Llegados a este punto, como ya te habrás dado cuenta, los números que estudiamos en numerología tienen significados similares en sus diferentes aplicaciones. Así, el número 7 siempre tendrá algo que ver con la espiritualidad y la naturaleza analítica, mientras que el número 4 siempre nos hablará de la fuerza y de la eficiencia.

Con esto en mente, he incluido aquí un breve resumen de los números y de sus significados. Si deseas profundizar en el significado de tu número del sendero natal, vuelve al capítulo 1 y revisa con detenimiento los perfiles numéricos.

NÚMERO 1: Representa la independencia, el liderazgo y la iniciativa, e insta a las personas a tomar las riendas de sus vidas y perseguir sus objetivos con confianza.

NÚMERO 2: Significa cooperación, diplomacia y empatía. Hace hincapié en la importancia de la colaboración y del equilibrio en las relaciones e interacciones.

NÚMERO 3: Encarna la creatividad, la autoexpresión y la alegría, e inspira a las personas a explorar sus talentos artísticos y abrazar la espontaneidad.

NÚMERO 4: Simboliza la estabilidad, la organización y la diligencia, y guía a las personas a construir unas bases sólidas y trabajar diligentemente hacia sus objetivos.

NÚMERO 5: Representa la libertad, la versatilidad y la aventura, y anima a las personas a aceptar el cambio y buscar nuevas experiencias.

NÚMERO 6: Refleja la crianza, la responsabilidad y el amor incondicional; destaca la importancia de la familia, de la comunidad y del cuidado de los demás.

NÚMERO 7: Significa introspección, espiritualidad y sabiduría, e invita a las personas a profundizar en su interior y buscar verdades espirituales.

NÚMERO 8: Encarna la ambición, el éxito y la abundancia, y guía a las personas a perseguir sus aspiraciones y alcanzar la prosperidad financiera.

NÚMERO 9: Representa la transformación, el humanitarismo y la armonía, y anima a las personas a dejar atrás el pasado aceptando el cambio y ayudando a los demás.

NÚMERO MAESTRO 11: Simboliza la intuición, la iluminación espiritual, las percepciones profundas y el yo superior, e insta a las personas a superar las limitaciones de la experiencia humana.

NÚMERO MAESTRO 22: Significa potencial, productividad, creatividad, impulso, determinación y la necesidad de crear algo que apoye el bien común.

NÚMERO MAESTRO 33: Encarna la armonía, la unidad, la enseñanza, el altruismo y el amor puro, y enfatiza la importancia de ayudar a los demás y fomentar la unidad.

Análisis del número del sendero natal

1. ¿Cómo se reflejan las cualidades asociadas con tu número en tu personalidad y en las experiencias vividas? Reflexiona sobre aquellas veces en que estas cualidades se hayan manifestado en tu vida.

   ....

   ....

   ....

2. Párate a pensar en cualquier desafío que se te haya presentado en la vida que se alinee con los temas de tu número. ¿Cómo puedes aprovechar tus fortalezas y habilidades naturales para superar estos obstáculos y tener éxito?

   ....

   ....

   ....

3. Reflexiona sobre las lecciones de vida y los temas sugeridos por tu número. ¿De qué manera esas ideas podrían guiarte a la hora de tomar decisiones y transitar por tu vida con mayor claridad y propósito?

   ....

   ....

   ....

4. Analiza cómo tu número influye en tus relaciones e interacciones con los demás. ¿Acaso has notado patrones en tus relaciones que reflejen las cualidades de tu número?

   ....

   ....

   ....

CÓMO INTERPRETAR PATRONES Y ANOMALÍAS

La numerología se basa en una variedad de patrones y anomalías presentes en una tabla que brindan una visión profunda de la trayectoria vital, de la personalidad, de las fortalezas y de las debilidades de una persona. Veamos cómo descifrar estos aspectos de la tabla para comprender el significado de cada uno de ellos:

NÚMEROS REPETIDOS: Cuando un número aparece más de una vez en una tabla, resalta la energía y las características vinculadas a ese número. Por ejemplo, la presencia de varios 4 en tu tabla sugiere que le das un gran valor a la estabilidad, a las habilidades organizativas y a la fiabilidad.

NÚMEROS QUE FALTAN: Por otro lado, los números que faltan indican posibles desequilibrios en tu tabla. Por ejemplo, si en tu tabla no aparece el número 5, es muy probable que te cueste aceptar el cambio o ser flexible. Para conseguir el equilibrio, deberías reflexionar sobre el significado de estos números que faltan e incorporar los rasgos relacionados con ellos en tu vida.

NÚMEROS MAESTROS: Los números maestros 11, 22 y 33 conllevan frecuencias vibratorias elevadas y un significado espiritual. Muestran estados superiores de conciencia, así como la posibilidad de desarrollo y manifestación espiritual. La presencia de números maestros en tu tabla puede indicar oportunidades y posibles desafíos para tu propósito vital y crecimiento espiritual.

NÚMEROS KÁRMICOS: Los números kármicos 13, 14, 16 y 19 son símbolo de asuntos pendientes en vidas anteriores, lecciones aprendidas u obstáculos enfrentados, tal y como aprendimos en el capítulo 3. Te señalan todos aquellos lugares en los que podrías seguir encontrando contratiempos a menos que reconozcas y plantes cara a los patrones kármicos subyacentes. Para superar estas limitaciones, debes pararte a pensar en el significado que estos números kármicos tienen en tu tabla y tomar medidas proactivas para crecer y sanar.

Si prestas atención a estos patrones y anomalías, podrás transitar por tu vida con mayor claridad, determinación y empoderamiento.

TABLA DEL NOMBRE

El crear una tabla de tu nombre es una forma fantástica de aprender más sobre la energía vibratoria y las influencias relacionadas únicamente con tu nombre. A medida que vayas avanzando en este cálculo, se te irán revelando píldoras de información sobre tu personalidad, fortalezas, debilidades y destino, lo que te dará una mayor comprensión de las fuerzas ocultas que actúan en tu vida.

Además de calcular tu tabla y reflexionar sobre su significado, puedes investigar los efectos de las letras que faltan o se repiten, que proporcionan más niveles de complejidad y significado, así como la influencia de las vocales y de las consonantes. Para profundizar aún más, compara tus tablas del sendero natal y del nombre, pues este proceso te permite ver cualquier posible conflicto o alineación entre tu esencia interior (nombre) y tu expresión exterior (sendero natal).

Descubrirás que crear tu tabla del nombre es una experiencia enriquecedora y reveladora. Lánzate a explorar el significado oculto y la importancia de tu nombre para obtener una visión que te será muy útil de tu verdadera naturaleza y propósito.

Calcula tu tabla del nombre

PASO 1: escribe tu nombre completo tal y como aparece en tu partida de nacimiento. Esto incluye tu nombre, primer apellido y segundo apellido. Si contrajiste matrimonio y después empezaste a usar el apellido de tu cónyuge, haz este cálculo utilizando tu nombre de pila. Si ya no utilizas el nombre que figura en tu partida de nacimiento, utiliza el nombre, primer apellido y segundo apellido que hayas escogido.

EJEMPLO	CÁLCULO
FAE MYENNE NG	

PASO 2: asigna valores numéricos a cada letra de tu nombre.

1	2	3	4	5	6	7	8	9
A	B	C	D	E	F	G	H	I
J	K	L	M	N	O	P	Q	R
S	T	U	V	W	X	Y	Z	

EJEMPLO	CÁLCULO
Nombre: 6 + 1 + 5	Nombre:
Primer apellido: 4 + 7 + 5 + 5 + 5 + 5	Primer apellido:
Segundo apellido: 5 + 7	Segundo apellido:

PASO 3: calcula el valor de cada nombre. Para cada nombre (nombre, primer apellido y segundo apellido), suma los valores numéricos asignados a cada letra.

EJEMPLO	CÁLCULO
Nombre: 6 + 1 + 5 = 12	Nombre:
Primer apellido: 4 + 7 + 5 + 5 + 5 + 5 = 31	Primer apellido:
Segundo apellido: 5 + 7 = 12	Segundo apellido:

PASO 4: reduce cada nombre a un solo dígito. Si el total de cualquier nombre es un número de dos dígitos, continúa sumando los dígitos hasta llegar a un número de un solo dígito. Por ejemplo, si el total de tu nombre de pila es 25, suma 2 + 5 para obtener 7.

EJEMPLO	CÁLCULO
Nombre: 12 = 1 + 2 = 3	Nombre:
Primer apellido: 31 = 3 + 1 = 4	Primer apellido:
Segundo apellido: 12 = 1 + 2 = 3	Segundo apellido:

PASO 5: interpreta ahora los resultados. Los números de un solo dígito obtenidos para cada componente de tu nombre representan las energías e influencias vibratorias asociadas con esa parte de tu nombre. Reflexiona sobre las cualidades que se asocian a cada número y piensa en cómo se reflejan en tu personalidad, en tus fortalezas y en los retos a que te enfrentas.

REFLEXIÓN

CÓMO INTERPRETAR PATRONES Y ANOMALÍAS

Tu personalidad, trayectoria vital, fortalezas y debilidades se entrelazan en tu tabla del nombre a través de una variedad de patrones y anomalías. A continuación encontrarás un desglose minucioso de los diferentes resultados y de su significado:

NÚMEROS REPETIDOS: Cuando un número aparece más de una vez en una tabla del nombre, resalta la energía y las características vinculadas a ese número. Por ejemplo, la presencia de varios 3 en tu tabla indica que valoras mucho la expresión personal, la creatividad y la comunicación. Señala, además, que eres capaz de comprender la importancia de utilizar y potenciar estas cualidades en tu vida, y que aceptas tu enorme capacidad de creatividad y tu don genuino para la expresión personal.

NÚMEROS QUE FALTAN: Por otro lado, cuando en una tabla del nombre faltan números, puede ser porque haya un desequilibrio o subdesarrollo. Así, por ejemplo, si en tu nombre no está el número 5, puede ser porque en tu vida existan dificultades con el cambio, la flexibilidad y la aventura. Para lograr más equilibrio y satisfacción, párate a pensar en el significado de estos números que te faltan e incorpora en tu vida los rasgos relacionados con ellos.

NÚMEROS MAESTROS: En la tabla del nombre, los números maestros tienen frecuencias vibratorias más altas y un significado espiritual (exactamente igual que en la tabla del sendero natal). Representan estados superiores de conciencia, así como la posibilidad de desarrollo y manifestación espiritual. Cuando están presentes en tu tabla, los números maestros pueden indicar más oportunidades y dificultades en relación con tu propósito vital y desarrollo espiritual. Los números maestros te instan a aspirar a convertirte en un ser superior de intuición, inspiración y transformación.

NÚMEROS KÁRMICOS: En la tabla del nombre, los números kármicos representan aquellas lecciones o esos desafíos no resueltos de experiencias o vidas anteriores. Señalan los lugares en los que podrías seguir encontrando problemas a menos que reconozcas y afrontes los patrones kármicos. Para superar las limitaciones anteriores, piensa detenidamente en el significado de estos números kármicos de tu tabla y toma medidas para alcanzar la curación y el desarrollo.

Análisis de la tabla del nombre

1. ¿Cómo se reflejan en tu personalidad y experiencias vitales las cualidades asociadas con cada número que compone tu nombre completo? Reflexiona sobre veces concretas en que estas cualidades hayan sido palpables en tu vida.

....

....

....

....

....

2. Piensa en cualquiera de los patrones presentes en tu tabla del nombre, ya sean números repetidos, números que faltan o números maestros. ¿De qué manera estos patrones reflejan aspectos de tu personalidad y trayectoria vital, y cómo puedes empezar a utilizar estos números en tu beneficio?

....

....

....

....

....

3. Explora la conexión existente entre tu tabla del nombre y tu tabla del sendero natal. ¿Existen similitudes o conflictos entre las energías representadas en ambas tablas? ¿De qué manera puedes integrar estos conocimientos en tu autoconciencia y en tu camino de desarrollo personal y/o espiritual?

....

....

....

....

....

COMPATIBILIDADES

Las alineaciones armónicas o la concordancia entre diferentes fuerzas numéricas se denominan compatibilidades. Mientras que unos números tienen vibraciones artísticas, otros poseen una inclinación más analítica. Los numerólogos agrupan los números del 1 al 9 y los números maestros en función de estas similitudes, y cada grupo se denomina compatibilidad. Las compatibilidades son ideales para determinar si dos personas son compatibles entre sí y para averiguar cómo podrían alinearse o chocar en función de sus personalidades y trayectorias vitales.

¿Cómo podrías beneficiarte tú también de toda la información que arroja el análisis de compatibilidades?

RELACIONES ROMÁNTICAS Y DE PAREJA

El análisis de las compatibilidades puede arrojar luz sobre la afinidad de una pareja y el potencial de armonía entre ambos. Los numerólogos pueden llegar a evaluar las fortalezas y los obstáculos inherentes a una relación examinando los efectos numéricos que se encuentran en la tabla natal o en la tabla del nombre tuya y de tu pareja. Sólo las parejas muy compatibles pueden disfrutar de una relación profunda y satisfactoria, en la que ha de haber valores, objetivos y una resonancia emocional compartidos. Por el contrario, cuando en las tablas se observan elementos discordantes, es porque hay situaciones tensas o conflictivas que exigen una cuidadosa atención.

CONEXIONES SOCIALES Y AMISTADES

Las compatibilidades también se pueden analizar para explorar las conexiones sociales y las amistades, lo que, sin duda, te ayudará a comprender mejor la dinámica de tus relaciones no románticas. Al explorar los factores numéricos que se encuentran en los nombres o en las fechas de nacimiento de amigos y conocidos, se ve claramente la resonancia y compatibilidad de dichas relaciones. Una fuerte armonía entre amigos puede ser señal de comprensión, apoyo e intereses comunes, todo lo cual se suma a la solidez y durabilidad del vínculo.

ALIANZAS Y COLABORACIONES PROFESIONALES

Más allá de su aplicación romántica y social, el análisis de compatibilidades es una herramienta útil para evaluar la probabilidad de éxito de tus alianzas y colaboraciones empresariales y profesionales. Para conocer los puntos fuertes inherentes a una colaboración, observa los impactos numéricos presentes en las tablas del nombre o de nacimiento de los colaboradores o socios comerciales. Un fuerte acuerdo entre socios puede ser un signo de habilidades, actitudes y aspiraciones comparables, lo que puede aumentar la productividad, la creatividad y el éxito de vuestras aventuras profesionales.

RELACIONES FAMILIARES

Por último, el analizar las compatibilidades también puede ayudarte a descifrar la dinámica y las interacciones que se dan dentro de tu familia. Conoce más sobre la fuerza de los lazos familiares examinando los impactos numéricos que se encuentran en los nombres o en las fechas de nacimiento de tus familiares. Una familia en la que reine la armonía puede tener una atmósfera de cuidado y apoyo en la que los miembros aceptan y valoran las diferencias de los demás. Al contrario, la presencia de elementos disonantes en las tablas de los miembros de la familia podría revelar situaciones tensas o problemas sin resolver que precisan diálogo y atención.

Por tanto, en términos generales, el análisis de compatibilidades proporciona un marco útil para contemplar la dinámica de las relaciones e interconexiones en diversas áreas de la vida. Te ofrece una comprensión más profunda de las posibilidades, de los desafíos y de las fortalezas presentes en tus relaciones, alianzas y esfuerzos cooperativos, y te puede ayudar a decidir si forjar o no una relación con alguien nuevo. Una vez tengas en tu poder toda la información que dan las compatibilidades, serás capaz de gestionar tus relaciones con mayor claridad, armonía y respeto mutuo.

ANÁLISIS DE COMPATIBILIDADES

Sólo comparando los efectos numéricos encontrados en varias áreas de los perfiles numerológicos de dos personas, como pueden ser sus tablas del sendero natal o del nombre, podemos identificar la compatibilidad que existe entre ellas. He aquí una guía para que te inicies en este análisis:

COMPRENDE LAS INFLUENCIAS NUMEROLÓGICAS: Antes de intentar encontrar compatibilidades en la tabla de alguien, es importante comprender las influencias numéricas asociadas con cada número. Como bien sabes a estas alturas, cada número tiene su propia energía vibratoria y simbolismo, los cuales pueden influir en los rasgos de personalidad, en las fortalezas, en los desafíos y en los caminos de la vida. Si es necesario, vuelve atrás y revisa los perfiles numéricos que ya vimos en el capítulo 1 para que te familiarices con los conceptos básicos.

RECOPILA DATOS NUMEROLÓGICOS: Recopila los datos numerológicos necesarios de las personas o entidades que desees analizar. Esto puede incluir nombres de pila completos, fechas de nacimiento o cualquier otro identificador numérico relevante. Recomiendo comenzar a comparar con una sola tabla. Por ejemplo, puedes utilizar tablas del nombre para encontrar la compatibilidad existente entre tú y tu pareja porque son estas cartas las que mejor reflejan tu yo interior. Cuando se trate de posibles socios comerciales, también puedes probar con la tabla de nacimiento, pues te permitirá ver cómo se alinean vuestras acciones y objetivos.

ASIGNA VALORES Y CALCULA TOTALES NUMÉRICOS: Utiliza el sistema de la numerología para asignar valores numéricos a las letras del alfabeto. Asigna los siguientes valores:

1	2	3	4	5	6	7	8	9
A	B	C	D	E	F	G	H	I
J	K	L	M	N	O	P	Q	R
S	T	U	V	W	X	Y	Z	

A continuación, calcula los totales numéricos que necesitas para crear las tablas para cada persona. Si te hace falta, vuelve a los ejercicios anteriores de este mismo capítulo para saber cómo hacerlo.

COMPARA LOS TOTALES NUMÉRICOS: Una vez que ya tengas los números finales para cada persona, compáralos para identificar similitudes o alineaciones. Busca aquellos casos en los que los totales compartan factores comunes, como números repetidos o sumas idénticas.

INTERPRETA LOS RESULTADOS: Analiza la alineación numérica entre las personas para determinar si existe una compatibilidad. Una compatibilidad puede indicar concordancia, armonía y entendimiento mutuo entre los individuos, lo que consecuentemente sugiere una fuerte resonancia y una sólida sinergia en su relación.

CONSIDERA EL CONTEXTO: Al interpretar los resultados, ten siempre en cuenta el contexto de la relación o de la situación. Aunque una compatibilidad puede indicar afinidad y alineación en algunos casos, es importante considerar otros factores como las personalidades individuales, los estilos de comunicación y los objetivos compartidos. Por ejemplo, imaginemos que a Sarah y a John les encantan las actividades al aire libre y entre ellos existe una compatibilidad. Sin embargo, a Sarah le gustan más los viajes planificados, mientras que John prefiere la espontaneidad. Así, pese a los intereses que comparten, sus diferentes estilos de planificación podrían crear tensión. No obstante, al comprender y respetar estas diferencias, pueden disfrutar mejor de su interés compartido.

REFLEXIONA SOBRE LAS IMPLICACIONES:

Piensa detenidamente en las implicaciones que tienen las compatibilidades para las personas involucradas. Considera cómo la alineación de las influencias numéricas puede afectar a la dinámica de su relación, a sus interacciones y a su comprensión mutua. Por ejemplo, si dos socios empresariales tienen la fuerte influencia numerológica del número 8, que indica ambición y liderazgo, esta compatibilidad sugiere que están alineados en su impulso por el éxito. Sin embargo, este rasgo compartido también podría conducir a luchas de poder si ambos quieren tomar el mando. Comprender esta dinámica puede ayudar a las dos personas a navegar por sus interacciones, y les asegura ser capaces de equilibrar los roles de liderazgo y mantener una relación armoniosa.

COMPRENDE LAS AGRUPACIONES DE COMPATIBILIDADES

Si tú y otra persona tenéis números que pertenecen a un mismo grupo de compatibilidades, es muy probable que entre vosotros exista una base sólida para una relación duradera. Conozcamos mejor cuáles son esos grupos.

3, 6, 9
Inspiradoras, espirituales y artísticas

Las personas con 3, 6 o 9 en sus tablas encuentran la inspiración fácilmente y también son capaces de inspirar a los demás, ya que representan tipos muy creativos y artísticos. Suelen ser muy expresivas y apasionadas, y su visión de la vida se origina en un lugar muy profundo de su ser. En este grupo de personas se incluyen autores, artistas, curanderos y educadores. Además, es gente que se relaciona con el pensamiento espiritual con más fuerza que otros grupos demográficos.

Este grupo está formado por los caminos vitales 3, 6 y 9, así como por aquéllos nacidos el 3, 6, 9, 12, 15, 18, 21, 27 y 30 de cualquier mes.

1, 5, 7
Intelectuales y tecnológicos

La búsqueda de conocimiento y el deseo de aprender caracterizan la energía de estos individuos. Son los intelectuales, los pensadores analíticos y los más racionales de entre todos nosotros. Su respuesta a los problemas de la vida suele ser menos emocional y más lógica. Son seres curiosos por naturaleza y suelen tener una sed insaciable de aprender. Dominan el mundo de la ciencia, la inteligencia artificial, los ordenadores y cualquier profesión en la que el conocimiento sea la clave.

Este grupo está formado por los caminos vitales 1, 5 y 7, así como por los nacidos el 1, 5, 7, 10, 14, 16, 19, 23, 25 o 28 de cualquier mes.

2, 4, 8
Negocios, dinero y gestión

Sin miedo al trabajo duro y con excelentes habilidades comerciales, así son las personas que encontramos en este grupo, todas ellas con una mentalidad profesional y muy orientadas a los negocios. Son prácticas, sensatas, eficientes y estables. Las personas con estas compatibilidades prosperan con el orden y la eficiencia. No sólo crean negocios, sino que también son sumamente exitosas a la hora de encargarse de las operaciones y de su gestión. Aquí están los triunfadores y todos aquellos que hacen dinero en el mundo de los negocios.

Este grupo está formado por los caminos vitales 2, 4 y 8, así como por los nacidos el 2, 4, 8, 11, 13, 17, 20, 22, 26, 29 o 31 de cualquier mes.

Una vez más, es importante insistir en que el contexto y los matices son importantes en el mundo de las compatibilidades. Resulta que personas con demasiadas cosas en común pueden acabar chocando, y que personas que desde fuera parecen opuestas pueden equilibrarse mutuamente. Para sacar el máximo partido posible a las compatibilidades, hay que evaluar si las dos personas de una relación tienen intereses compartidos y si entre ellas se da una superposición significativa. Si esas cosas resultan no ser necesarias para que la relación funcione, las compatibilidades no serán un medio de evaluación muy útil.

FLECHAS

En numerología, las flechas son marcadores simbólicos que ofrecen importantes perspectivas sobre la trayectoria vital de una persona, sus puntos fuertes y débiles, y sus rasgos de personalidad. En realidad, los patrones y las configuraciones que se observan en tus tablas numerológicas —como tu tabla del nombre o tu tabla del nacimiento— son la fuente de estas flechas. Tú mismo puedes explorar las características que te definen y tus tendencias examinando las flechas que encuentres en tus distintas tablas.

Las flechas se presentan en diversas formas y cada una de ellas tiene su propio significado y simbolismo. Entre las flechas más utilizadas están la flecha de la actividad, la flecha de la compasión, la flecha de la creatividad, la flecha de la determinación, la flecha del intelecto y la flecha de la frustración.

Sin duda, la flecha del intelecto es una de las flechas más conocidas en numerología. Se identifica por la presencia en diagonal de los números 3, 6 y 9 en la tabla de una persona. Esta disposición da lugar a la flecha del intelecto. Como habrás adivinado, la flecha del intelecto aparece en las tablas de las personas que valoran sobremanera los esfuerzos académicos, el pensamiento crítico y la comunicación eficaz. Esta flecha suele asociarse a las personas extremadamente intelectuales, inquisitivas y elocuentes que cuentan con una capacidad natural para expresarse y compartir sus pensamientos.

Por otro lado, la flecha de la frustración aparece

cuando una carta tiene dos o más 1, 4 o 7 sin ningún 2, 5 u 8 que los equilibre. Esta flecha alude a dificultades y bloqueos en las áreas del sentido práctico, el desarrollo espiritual y la autoexpresión. Las personas con esta flecha pueden sentirse estresadas y frustradas en ciertas áreas de sus vidas, pero siempre serán capaces de superar estos obstáculos y encontrar más plenitud si identifican y afrontan estos bloqueos.

Cuando en la tabla de una persona hay dos o más 8 sin ningún 1 o 3 para equilibrarlos, el resultado es la flecha de la determinación. Precisamente esta flecha denota un fuerte sentido de fuerza de voluntad, ambición y una enorme capacidad de liderazgo. Las personas con esta flecha suelen estar motivadas por el deseo de triunfar y ejercer una influencia positiva en el mundo. Son resistentes e ingeniosas, y están decididas a superar cualquier obstáculo que se interponga en tu camino.

La flecha de la creatividad se forma cuando hay tres o más 3 en la tabla de una persona, sin la presencia de ningún 6 que los equilibre. Esta flecha de la creatividad indica un fuerte enfoque en la sensibilidad emocional, la creatividad y la expresión artística. Las personas con esta flecha acostumbran a ser expresivas e intuitivas, y tienen una aptitud natural para actividades creativas como la actuación, la escritura, la pintura o la música. No obstante, para desarrollar plenamente su potencial creativo y sus ideas hasta el final, es posible que también necesiten encontrar un equilibrio entre sus impulsos creativos y la disciplina.

La flecha de la compasión aparece cuando hay dos o más 9 en la tabla de una persona, sin ningún 1 ni 4 que los equilibre. Esta flecha representa un fuerte sentimiento de empatía, humanitarismo y compasión. Las personas con esta flecha suelen estar impulsadas por el deseo de cambiar el mundo y ayudar a los demás. Tienen bondad, generosidad y un fuerte compromiso para satisfacer las necesidades de los demás.

Por último, cuando en la tabla de una persona hay dos o más 5 sin ningún 1 o 4 que los equilibre, se crea la flecha de la actividad. Esta flecha sugiere un fuerte deseo de independencia, exploración y diversidad. Las personas que tienen esta flecha con frecuencia son independientes, espontáneas y aventureras, y están siempre deseosas de asumir nuevos retos y vivir flamantes experiencias. Brillan especialmente en entornos dinámicos que les permiten explorar ideas novedosas y perseguir sus pasiones.

Las flechas te ofrecen las instrucciones necesarias para que aproveches al máximo tus dones y avances por la vida con plenitud, claridad y propósito. Identificar tus flechas te proporcionará una dirección y te brindará una ayuda inestimable en tu viaje hacia el autodescubrimiento y el desarrollo personal, con independencia de si te enfrentas a retos o buscas oportunidades.

Encuentra tus flechas

En una tabla de flechas, los números suelen representar aspectos clave de tu perfil numerológico, como tu fecha de nacimiento, tu nombre y tus influencias kármicas. Los números deberían ir colocados en posiciones específicas según el diseño de la tabla y las pautas numerológicas, no al azar. Por ejemplo, en una tabla de nacimiento, los números de tu fecha de nacimiento deben ir colocados en una secuencia específica, reflejando ciertas trayectorias vitales o rasgos. Es importante seguir el orden correcto según el método de numerología que se esté utilizando, ya que rellenar la tabla con los números incorrectamente colocados podría sesgar el análisis.

Así, el orden y la posición correctos para rellenar una tabla de flechas en numerología dependen del tipo específico de tabla que se esté utilizando. Normalmente, se basaría en tu fecha de nacimiento y tu nombre, dispuestos en una cuadrícula de 3x3.

Las flechas se forman cuando aparecen tres números consecutivos en una fila, columna o diagonal (por ejemplo, 1, 2, 3 o 4, 5, 6). Esta disposición representa rasgos o patrones específicos de tu vida.

Asegúrate de que cada número de tu fecha de nacimiento esté colocado en su posición correspondiente según este método que estamos viendo. No mezcles números: respeta la estructura de la tabla para mantener la precisión en tu análisis.

PASO 1: crea el resumen de tu fecha de nacimiento. Desglosa tu fecha de nacimiento en dígitos. Por ejemplo, si tu fecha de nacimiento es el 4 de julio de 1990 (07/04/1990), se convierte en 0, 7, 0, 4, 1, 9, 9, 0. Coloca estos ocho dígitos en la cuadrícula de 3x3 de izquierda a derecha, de arriba abajo, y deja el último cuadrado (abajo a la derecha) vacío.

	EJEMPLO		
Fila de arriba: del primer al tercer dígito	0	7	0
Fila del medio: del cuarto al sexto dígito	4	1	9
Fila de abajo: del séptimo al octavo dígito	9	0	

	CÁLCULO		
Fila de arriba: del primer al tercer dígito			
Fila del medio: del cuarto al sexto dígito			
Fila de abajo: del séptimo al octavo dígito			

PASO 2: crea el resumen de tu nombre. Utilizando los números reducidos de tu nombre, tu primer apellido y tu segundo apellido (calculados en la página 242), comienza a rellenar los cuadrados de tu tabla del nombre de izquierda a derecha, de arriba abajo. Repite los números en orden hasta que todas las casillas estén rellenas.

CÁLCULO		

PASO 3: identifica las flechas en tu tabla de nacimiento, utilizando los ejemplos de las páginas 262-265. Una vez que hayas calculado los totales numéricos de tu tabla, busca patrones y configuraciones que indiquen la presencia de flechas. ¿Qué flechas puedes ver?

FLECHAS PRESENTES	SIGNIFICADO DE LAS FLECHAS

PASO 4: identifica las flechas en el resumen de tu nombre, utilizando los ejemplos de las páginas 262-265. Una vez que hayas calculado los totales numéricos de tu tabla, busca patrones y configuraciones que indiquen la presencia de flechas. ¿Qué flechas ves?

FLECHAS PRESENTES	SIGNIFICADO DE LAS FLECHAS

EJEMPLOS DE FLECHAS

Aquí tienes algunos ejemplos de tablas y detalles sobre las flechas que contienen. Cada fila de números es una tabla diferente. La primera fila podría ser la tabla del nombre de la persona del ejemplo; la segunda fila, su tabla de nacimiento, y la tercera fila, los números de su deuda kármica. Los números en negrita muestran dónde hay una flecha.

LA FLECHA DEL INTELECTO

La flecha del intelecto está formada específicamente por la presencia de los números 3, 6 y 9 en la tabla de la persona. Se considera que estos números crean una línea diagonal en la cuadrícula numerológica que simboliza un fuerte énfasis en las búsquedas intelectuales, el pensamiento analítico y la capacidad de comunicación.

Cuando los números 3, 6 y 9 aparecen en diagonal en la tabla de una persona, su disposición indica la presencia de la flecha del intelecto.

3	4	5
2	**6**	7
1	8	**9**

LA FLECHA DE LA DETERMINACIÓN

La flecha de la determinación se forma cuando los números 1, 5 y 9 aparecen en diagonal en la tabla de una persona. Representa la voluntad, el empuje, el arrojo y la capacidad de superar obstáculos. Las personas con esta flecha suelen estar motivadas por el deseo de tener éxito y ejercer una influencia positiva en el mundo.

Son resilientes, ingeniosas y están decididas a superar cualquier obstáculo que se interponga en su camino. Si los números 1, 5 y 9 aparecen en diagonal en la tabla de una persona, está presente la flecha de la determinación.

1	4	7
2	**5**	8
3	6	**9**

LA FLECHA DE LA COMPASIÓN

Esta flecha se forma cuando los números 2, 5 y 8 aparecen en diagonal en la tabla de una persona. Representa un fuerte sentimiento de empatía, humanitarismo y compasión. Las personas con la flecha de la compasión se sienten frecuentemente impulsadas por un deseo de cambiar el mundo y ayudar a los demás. Muestran amabilidad, generosidad y un fuerte compromiso para satisfacer las necesidades ajenas.

Los números 2, 5 y 8 en diagonal en la tabla de una persona indican la presencia de la flecha de la compasión.

1	4	**8**
3	**5**	7
2	6	9

LA FLECHA DEL LIDERAZGO

La flecha del liderazgo se forma cuando los números 3, 5 y 7 aparecen en diagonal en la tabla de una persona. Representa la capacidad natural de liderazgo, un fuerte sentido de la responsabilidad y el don de inspirar y guiar a los demás. Las personas con esta flecha suelen estar impulsadas por el deseo de liderar y causar un impacto significativo. Poseen confianza, decisión y la capacidad de motivar a los que las rodean.

Si los números 3, 5 y 7 aparecen en diagonal en la tabla de una persona, indican la presencia de la flecha del liderazgo.

1	4	**7**
2	**5**	8
3	6	9

LA FLECHA DE LA ACTIVIDAD

La flecha de la actividad aparece cuando en la tabla de una persona hay tres o más 1 o 9 en disposición horizontal, vertical o diagonal. Refleja una naturaleza dinámica y enérgica, y una tendencia a la acción y a la iniciativa.

Si los números 1 o 9 aparecen consecutivamente en horizontal, vertical o diagonal, anuncian la presencia de la flecha de la actividad.

1	2	**9**
4	5	**9**
7	8	**9**

LA FLECHA DE LA CREATIVIDAD

Se forma cuando hay tres o más 3 o 6 dispuestos horizontal, vertical o diagonalmente en una tabla. Esta flecha simboliza una gran capacidad creativa, un arrollador talento artístico y la autoexpresión.

Cuando los números 3 o 6 aparecen consecutivamente en horizontal, vertical o diagonal, indican la presencia de la flecha de la creatividad.

3	2	**6**
4	3	**6**
7	8	**6**

Análisis de las flechas

1. ¿Cómo se reflejan en ti las cualidades asociadas a la(s) flecha(s) que has descubierto?

....

....

....

....

....

2. Reflexiona sobre las características y los rasgos vinculados a las flechas que has identificado. Piensa en cómo éstas se reflejan en tus experiencias vitales, tu personalidad y tus comportamientos.

....

....

....

....

....

3. ¿En qué ámbitos de tu vida notas su influencia?

....

....

....

....

....

4. Examina las áreas de tu vida en las que observas los efectos de la flecha de la creatividad o de la flecha de la actividad. Piensa en tus relaciones, proyectos creativos, aficiones y objetivos profesionales.

....

....

....

5. ¿Cómo podrías aprovechar la información que te dan las flechas para potenciar tus puntos fuertes y sortear los desafíos?

6. ¿Qué acciones o cambios podrías plantearte integrar en tu vida basándote en lo que te dicen las flechas?

7. Piensa en posibles acciones o ajustes que podrías realizar en consonancia con la información que te arrojan. Explora nuevos caminos para el crecimiento personal, la expresión creativa o la realización de actividades que te aporten satisfacción y alegría.

NAME CHART
Emily Elizabeth Dickinson
1 2 3 4 5 6 7 8
A B C D E F P Q K
J K L M N O Y Z
S T U V W X
E M I L Y = 28
5 + 4 + 9 + 3 + 7
ELIZAB
5+3+9+8+1+2
DICKIN
4+9+3+2+9+5
ARROWS
NAME
BIRTH
KARMA
1 7 8
3 1 3
4 1 3
EMILY = 1
ELIZABETH = 7 > 16
DICKINSON
1+6=7
1 - II
2 - IIII
3 - III
KARMIC
LESSON
NUMBERS
THDAY
CHART
12/10/1830
1+2=3 1+0=1
1+8+3+0=12=1+2=3
3+1+3=7
13 > KARMIC DEBT
NUMBER

CAPÍTULO 5

Comparte el arte de la numerología

UNA VEZ QUE has explorado tus números y tablas en profundidad, seguro que estás deseando compartir tus conocimientos con otras personas de tu vida. ¡Es fantástico! La numerología es una práctica que puede animar e iluminar a cualquiera que tenga interés en ella, por eso hacer una lectura numerológica para otros puede suponer una verdadera alegría. Sin embargo, antes de empezar a hacer cálculos para amigos y familiares, es imprescindible que te tomes un momento para conocer algunas de las prácticas más recomendadas.

Leer los números de alguien requiere algo más que el conocimiento de los conceptos básicos. Debes abordar la lectura con sensibilidad, empatía y un deseo sincero de elevar y potenciar al individuo. Asimismo, construir una base de respeto y confianza mutuos es crucial a la hora de realizar lecturas para garantizar que el receptor se sienta seguro y cómodo todo el tiempo.

CÓMO REALIZAR UNA LECTURA

A la hora de efectuar la lectura propiamente dicha, asegúrate de establecer el tono, para lo que primeramente has de repasar los fundamentos de la numerología. Esto ayudará a la persona a prepararse para lo que está por venir y puede incitarla a formular cualquier pregunta inicial. A continuación, pídele a la persona que te facilite su nombre completo y su fecha de nacimiento para que le puedas crear sus tablas numerológicas. (Esto puedes hacerlo incluso antes de la lectura si prefieres realizar los cálculos antes de que la otra persona llegue.) Si todavía estás empezando como lector, cíñete a los números básicos, pues te darán tanto a ti como a la persona para la que leas una base sólida sin necesidad de complicarte demasiado.

Una vez que hayas calculado los números que necesitas, comienza la lectura proporcionando información amplia sobre la trayectoria vital de la persona, su personalidad y cualquier reto al que se esté enfrentando. Personaliza el contenido para abordar sus intereses o preocupaciones específicas, y consulta con frecuencia para responder a cualquier pregunta que surja. Sé amable y abstente de emitir ningún juicio. En vez de ello, concéntrate en dar a la persona las herramientas que necesita para tomar decisiones acertadas y seguir con confianza su propio camino.

La intuición desempeña un papel importante a la hora de interpretar los saberes numerológicos y conectar con el individuo a un nivel más profundo. Confía en tus instintos y deja que la información te llegue de forma orgánica; te darás cuenta de que la práctica te irá haciendo sentir mayor comodidad y seguridad al realizar las lecturas. A lo largo del proceso, anima a la persona a expresar sus puntos de vista y sentimientos para crear un entorno cooperativo y alentador. El objetivo último de la lectura numerológica es capacitar al individuo y proporcionarle dirección, claridad y apoyo mientras recorre el camino del autodescubrimiento y del desarrollo personal. Esto sucederá cuando te muestres abierto a colaborar con la persona para la que realizas la lectura.

COMUNÍCATE CON CLARIDAD

Es fundamental que mantengas una conversación sincera con tus amigos o clientes sobre tu práctica de la numerología antes de realizarles cualquier lectura. Cuéntales lo que sabes sobre numerología, tu nivel de dominio de ésta, y la metodología que sigues para las lecturas. Hazles saber que la numerología es una herramienta para el autoconocimiento y el desarrollo personal más que un método para pronosticar su futuro, aunque también pueda proporcionar cierta información útil en ese sentido.

HABLA DE SUS EXPECTATIVAS Y OBJETIVOS: Antes de entrar en materia, pregunta a la persona sobre cuáles son sus objetivos con la lectura numerológica. ¿Busca claridad en determinadas áreas de su vida, como las relaciones, su carrera o su crecimiento personal? Puedes adaptar la lectura a sus necesidades y darle consejos que sean significativos y relevantes para ella, pero esto hazlo sólo si conoces bien sus expectativas.

HAZ HINCAPIÉ EN EL EMPODERAMIENTO: Recuerda siempre a la persona que las lecturas numerológicas no son predicciones de futuro esculpidas en piedra, sino que, más bien, pretenden dar a la persona el conocimiento y la confianza que necesita para tomar decisiones acertadas y encarar de frente los retos de la vida. Anima al otro a estudiar los resultados de su lectura con una mente abierta y la voluntad de explorar nuevas perspectivas y percepciones sobre sí mismo.

CREA UN ESPACIO SEGURO: Asegúrate de que la lectura numerológica se desarrolle en un lugar tranquilo, privado y libre de distracciones del entorno. Dile a la otra persona que la lectura será una experiencia durante la que podrá expresar libremente sus ideas, sentimientos y preocupaciones. Anima a la persona cuyos números vayas a leer a relajarse y a ser ella misma.

RESPETA LA PRIVACIDAD Y LA CONFIDENCIALIDAD: Haz hincapié en la importancia que tiene para ti el mantener la privacidad y asegura a la persona que tanto sus datos personales como los detalles de su lectura serán completamente confidenciales. Ante todo respeta sus límites y habla sólo de aquella información que la otra persona se sienta cómoda compartiendo.

FOMENTA LA PARTICIPACIÓN: Plantea preguntas, expresa ideas y puntos de vista, y vete comentando para ayudar a la otra persona a tomar parte activa en la lectura. Anímala a seguir su intuición e investigar cómo las percepciones de la numerología se alinean con sus experiencias y observaciones personales.

REALZA EL POSITIVISMO Y LA EMPATÍA: Aborda la lectura numerológica con una perspectiva positiva y grandes dosis de empatía, destacando las ventajas, las habilidades y las oportunidades de crecimiento. A medida que vayas investigando los diversos aspectos del perfil numerológico de la otra persona, bríndale apoyo y ánimo, y ayúdala a identificar las áreas en la que puede crecer y mejorar, pero nunca te detengas en lo negativo.

PROPORCIONA CONSEJOS ÚTILES: Según vayas haciendo la lectura numerológica, proporciona a la otra persona consejos útiles y pasos factibles para que tus palabras le resulten concretas y útiles. Ayuda a quien estás leyendo a determinar en qué aspectos de su vida debe centrarse para alcanzar sus objetivos y desarrollar todo su potencial.

HAZ UN SEGUIMIENTO Y OFRECE APOYO: Después de la lectura numerológica, pregunta a la otra persona cómo se siente e indaga sobre cualquier preocupación o inquietud adicional. Si te encuentras cómodo, ofrécete a ser un recurso para ella mientras pone en práctica sus nuevos conocimientos. Continúa animándola y apoyándola mientras sigue su camino de autodescubrimiento y crecimiento personal.

RESPETA LAS FRONTERAS Y LOS LÍMITES: Por último, reconoce y acepta los límites de cada persona. Respeta sus sentimientos y no presiones a nadie más allá de su zona de confort si ves que muestra alguna reticencia o incomodidad durante cualquier parte de la lectura.

Una lectura numerológica respetuosa requiere un poco de trabajo y previsión, pero la recompensa, sin duda, merece la pena. Al establecer un entorno seguro y alentador para la introspección, el empoderamiento y el autodescubrimiento, ayudarás a tus amigos y familiares a abrazar plenamente esta experiencia. La otra persona te estará muy agradecida si le proporcionas consejos sagaces y muchos ánimos para acompañarla y ayudarla en su camino hacia el desarrollo y la realización personal. No olvides abordar todas las lecturas con comprensión, compasión y un auténtico deseo de ayudar para regalar al otro la mejor experiencia.

LOS DERECHOS DE LA PERSONA LEÍDA

Leer la tabla numerológica de una persona exige acceder a información personal y percepciones que pueden ser delicadas o confidenciales, lo que significa que el consentimiento es siempre esencial. Nunca lleves a cabo ni leas la tabla de otra persona sin su conocimiento, por mucho que puedas tener acceso a su fecha de nacimiento y nombre completo. Obtén siempre un permiso expreso antes de iniciar una lectura, y asegúrate de aclarar el propósito y los posibles resultados de la sesión. Hazle saber a la otra persona que puede negarse o revocar su consentimiento en cualquier momento, sin ningún miedo a repercusiones ni juicios.

Cuando pidas permiso, hazlo de forma transparente y compasiva, anteponiendo la comodidad y el bienestar de la persona. Si acepta una lectura, dale garantías de privacidad y la seguridad de que toda su información personal será confidencial y se mantendrá secreta y segura. Nunca divulgues detalles específicos sobre la lectura a otra persona sin su consentimiento expreso.

Tan sólo respetando el secreto y el consentimiento contribuirás a crear ese espacio seguro en el que la gente pueda aprender sobre numerología y alcanzar su desarrollo personal y autodescubrimiento.

EN LAS RELACIONES ROMÁNTICAS

Los números pueden ayudarnos a comprender la dinámica de las relaciones, especialmente de las románticas. Tal y como ya vimos en el capítulo anterior cuando exploramos las compatibilidades, cada persona tiene un esquema numérico distinto que influye de forma determinante en su compatibilidad social, en sus rasgos de personalidad y en sus estilos de comunicación. Por eso, analizar las características numéricas de cada miembro de la pareja puede proporcionar a ambos conocimientos relevantes que pueden ayudarlos a profundizar y mejorar su relación romántica.

Y es que cada número tiene una energía vibratoria y un significado únicos que influyen en nuestros deseos, anhelos y comportamientos en las relaciones; de ahí que cada número tenga algunas compatibilidades. Por ejemplo, las personas que tienen el 1 como número del camino vital suelen ser asertivas, ambiciosas e independientes. Por eso, pueden buscar un cónyuge que valore su independencia y comparta su deseo de triunfar. Sin embargo, quienes tienen un 2 como número del camino vital dan mayor prioridad a las relaciones basadas en la empatía y la comprensión mutua, y valoran por encima de todo la armonía, la cooperación y el respeto mutuo. Precisamente por ello, buscarán una pareja que comparta sus mismos valores.

Al analizar su compatibilidad numerológica, las parejas pueden encontrar áreas de beneficio mutuo y posibles conflictos, lo que les permitirá tomar medidas proactivas para resolver los problemas y cultivar una relación más sólida y satisfactoria.

Esencialmente, la numerología es una herramienta eficaz para apoyar el amor, la concordia y la afinidad en las relaciones románticas, comprender la dinámica interpersonal y aumentar el conocimiento de uno mismo. Así, las parejas que aceptan la sabiduría de los números pueden emprender un camino de crecimiento, realización y autodescubrimiento que fortalecerá su relación y la dotará de mayor claridad y autenticidad.

Existen muchas formas de analizar tu propia tabla numerológica conjuntamente con la de tu pareja, pero el atajo para comprobar la compatibilidad consiste en comparar vuestros números del camino vital. Así que veamos qué podemos esperar cada uno de nuestra mitad basándonos en su número del camino vital.

COMPRENDE EL NÚMERO DEL CAMINO VITAL DE LAS PAREJAS ROMÁNTICAS

UNA PAREJA CON EL 1 COMO NÚMERO DEL CAMINO VITAL

Una pareja con el 1 como número del camino vital es probablemente independiente, esté orientada a objetivos y se muestre decidida. Estas personas disfrutan tomando la iniciativa en las relaciones y brillan con mayor intensidad en las situaciones de liderazgo. Para apoyar su crecimiento, debes respetar su necesidad de libertad e independencia dentro de la relación. Reconoce sus logros y aspiraciones, pero manteniendo al mismo tiempo tu propio sentido de individualidad. Trabajad juntos en objetivos y proyectos compartidos, y valora su determinación y fuerza de carácter.

UNA PAREJA CON EL 2 COMO NÚMERO DEL CAMINO VITAL

Una pareja con el 2 como número del camino vital valora la armonía, la cooperación y la empatía. Busca relaciones enriquecedoras y es capaz de percibir las necesidades de los demás. Por eso, en la relación, fomenta la comunicación abierta con la otra parte y hazle saber lo mucho que valoras su naturaleza amable y cariñosa. Proporciona un ambiente tranquilo y de apoyo en el que se sienta apreciada y comprendida. Respeta su necesidad de empatía y diplomacia, y esfuérzate por garantizar la cooperación y el compromiso. Con actos de bondad y afecto sincero, se puede llegar a lograr una fuerte conexión emocional con una pareja con el número 2.

UNA PAREJA CON EL 3 COMO NÚMERO DEL CAMINO VITAL

Una pareja con el 3 como número del camino vital es creativa, expresiva y sociable. Disfruta trayendo la alegría a la pareja, compartiendo ideas y descubriendo nuevas experiencias juntos. Para apoyar a un número 3, persigue la espontaneidad y fomenta su autoexpresión. Anímate a participar en actividades artísticas con la otra parte de la pareja y reconoce sus habilidades y pasiones únicas. Haz todo lo posible por adoptar una actitud alegre y despreocupada, repleta de positividad y risas. Deja espacio al otro para que pueda explorar y fomentar su vibrante personalidad, y hacer que brille.

UNA PAREJA CON EL 4 COMO NÚMERO DEL CAMINO VITAL

Una pareja con el 4 como número del camino vital es sinónimo de estabilidad, lealtad y sentido práctico. En sus relaciones, los 4 valoran mucho el orden y la estructura porque quieren construir estabilidad y un compromiso duradero. Sé fiable y coherente en tus palabras y actividades para respaldarlas. Comprende su necesidad de rutina y establece una base sólida basada en el respeto y la confianza. Colabora para fijar metas y planes para el futuro, respetando al mismo tiempo su dedicación a la responsabilidad y a la diligencia.

UNA PAREJA CON EL 5 COMO NÚMERO DEL CAMINO VITAL

Una pareja con el 5 como número del camino vital es aventurera, versátil y adaptable. Prospera en aquellas relaciones que son emocionantes, flexibles y fluidas. Haz todo lo posible por aceptar la espontaneidad y adaptarte a nuevas experiencias para apoyarla. Concédele el espacio que precisa para su desarrollo personal y respeta su necesidad de independencia. Mantén una atmósfera de entusiasmo y curiosidad en vuestra relación siendo abierto y dúctil en vuestra comunicación. Aceptad el cambio con alegría y celebrad juntos vuestras aventuras y nuevos descubrimientos.

UNA PAREJA CON EL 6 COMO NÚMERO DEL CAMINO VITAL

Una pareja con el 6 como número del camino vital es compasiva, cariñosa y protectora. En las relaciones amorosas, valora mucho la creación de armonía, y asume con frecuencia responsabilidades de cuidado. Para apoyarla, agradécele su amabilidad y cariño como pareja. Trabajad juntos para llevar a cabo las tareas domésticas y cumplir con las obligaciones familiares, y aprecia su dedicación para construir un hogar seguro y lleno de amor. Estableced una atmósfera de respeto mutuo y comunicación abierta para crear un fuerte vínculo emocional basado en la empatía, el amor y la confianza.

UNA PAREJA CON EL 7 COMO NÚMERO DEL CAMINO VITAL

Una pareja con el 7 como número del camino vital es perceptiva, está orientada espiritualmente y es introspectiva. Valora por encima de todo la cercanía emocional y la conexión intelectual, y busca profundidad y propósito en las relaciones. Para apoyarla, busca entablar conversaciones profundas, pero también respeta su necesidad de soledad e introspección. Comprende y confía en su sabiduría natural y en sus intuiciones, y anímala a seguir aprendiendo y desarrollándose personalmente. Los valores compartidos y la conexión espiritual os ayudarán a construir una relación basada en el entendimiento mutuo y el respeto por el desarrollo espiritual del otro.

UNA PAREJA CON EL 8 COMO NÚMERO DEL CAMINO VITAL

Si tu pareja tiene el 8 como número del camino vital, será ambiciosa, motivada y se centrará en tener éxito tanto en la vida como en las relaciones. Asumirá el rol de autoridad y otorgará gran importancia a la seguridad financiera. Para apoyarla mejor, muestra tú también tu propia determinación y ambición en la búsqueda de metas y sueños compartidos. Reconoce sus esfuerzos, su trabajo duro y su dedicación brindándole aliento y proporcionándole consejos prácticos.

Para que ambos prosperéis, apostad por el espíritu de colaboración basado en la confianza, el respeto y una visión compartida de los objetivos futuros.

UNA PAREJA CON EL 9 COMO NÚMERO DEL CAMINO VITAL

Una pareja con el 9 como número del camino vital es un ser humanitario de pies a cabeza, alguien que es a la vez transformador y filantrópico. Valora mucho cambiar el mundo para mejor y busca interacciones con los demás que sean significativas y profundas. Valora y apoya sus actos de compasión y armonía, así como su ingente dedicación a la justicia social y a los demás. Promueve la armonía y el entendimiento dentro de la relación apreciando abiertamente la diversidad, la singularidad y la iluminación.

UNA PAREJA CON EL 11 COMO NÚMERO MAESTRO DEL CAMINO VITAL

Una pareja con el número maestro 11 como número del camino vital es intuitiva por naturaleza, espiritualmente consciente y muy influyente. Tiene un fuerte sentido de propósito en la vida y comprende mejor que nadie cómo en esta vida todo está interrelacionado. Para apoyarla, fomenta la comunicación abierta y honra sus percepciones intuitivas e influencia. Explorad un sentido de conexión espiritual y crecimiento mutuo, y profundizad en dimensiones más profundas de la conciencia juntos. Acepta su influencia y sensibilidad, y trata de cultivar una relación basada en la compasión, la autenticidad y los principios espirituales comunes.

UNA PAREJA CON EL 22 COMO NÚMERO MAESTRO DEL CAMINO VITAL

Una pareja con el número maestro 22 como número del camino vital es visionaria, práctica y capaz de logros significativos. Puede hacer realidad sus sueños porque muestra una combinación única de idealismo y sentido práctico. Para ayudar a una pareja con el número maestro 22, ofrécele motivación y una ayuda útil, y reconoce su capacidad para tener un impacto duradero. Trabajad juntos en proyectos y metas ambiciosas, y aprovechad al mismo tiempo las fortalezas de cada uno. Fomentad un fuerte sentido de propósito y determinación para construir una relación basada en los objetivos comunes y en vuestra dedicación para cambiar el mundo.

UNA PAREJA CON EL 33 COMO NÚMERO MAESTRO DEL CAMINO VITAL

Una relación con una persona con el número maestro 33 como número del camino vital será increíblemente gratificante. Esta persona será como un maestro espiritual sabio y compasivo. Se mostrará increíblemente amable y tendrá un fuerte sentido del deber hacia la humanidad. Asegúrate de proporcionarle un espacio seguro para que exprese sus impulsos creativos y sus percepciones espirituales. Anímalo a utilizar su creatividad y sus habilidades docentes para servir a los demás, aceptando su papel como luz de amor y compasión. Fomentad una asociación basada en el desarrollo espiritual, el respeto mutuo y el compromiso compartido de hacer del mundo un lugar mejor.

Análisis de la numerología de tu pareja

1. ¿De qué manera ves que las cualidades asociadas al perfil numerológico de tu pareja se reflejan en tus experiencias con ella?

....

....

....

....

2. ¿De qué modo el hecho de comprender tus influencias numerológicas puede ayudarte a profundizar tu vínculo y favorecer la comunicación?

....

....

....

....

3. Ahora que dispones de una perspectiva numerológica, ¿qué cambios o pasos crees que puedes dar para conectar mejor con tu auténtico yo y construir relaciones satisfactorias?

....

....

....

....

FAMILIA, AMIGOS Y OTRAS RELACIONES

Quienes empiezan normalmente hacen sus primeras lecturas de numerología para sus parejas románticas, y, sin duda, es un buen punto de partida. Resulta emocionante aprender sobre los rasgos fundamentales de cada uno y obtener una idea de cómo se superponen y complementan. Sin embargo, a medida que vayas cogiendo práctica con las lecturas, puedes animarte a invitar a más personas de tu alrededor para que aprendan contigo. No te cortes y pregunta a otros familiares, compañeros de confianza o amigos si les gustaría conocer sus cartas. Después observa cómo tus números encajan y chocan. ¡Incluso podrás realizar lecturas de numerología para tus mascotas!

Aunque cada tipo de relación tiene su propia dinámica, las descripciones que hemos visto antes sobre las parejas románticas te ayudarán a seguir y seguir leyendo. A fin de cuentas, un compañero de trabajo o una tía a la que quieras mucho con el 2 como número del camino vital tendrán muchas de las mismas características y necesidades que una pareja romántica y lograrán prosperar con el mismo tipo de apoyo. Déjate guiar por tu intuición para ajustar esas descripciones según vaya siendo necesario, pero utilízalas como base cuando leas para cualquier persona —¡o animal!— en tu vida.

Y al igual que recuerdas a los demás que la numerología no es un sistema infalible de adivinación ni una forma de evitar decisiones difíciles, ten tú también en cuenta esa cuestión. Esta herramienta es como un espejo de tu alma más profunda: tan sólo refleja lo que ya está ahí. Por tanto, tu trabajo ahora es ver y reconocer ese reflejo y luego tomar medidas audaces y auténticas para aceptarlo.

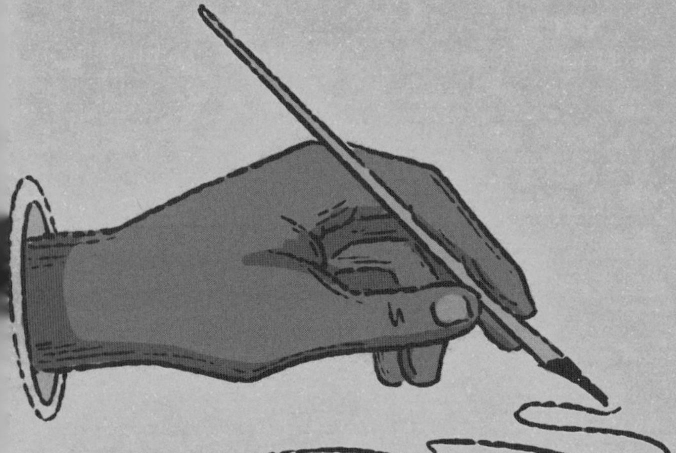

CONCLUSIÓN

¡Enhorabuena por haber terminado tu guía de numerología! Indudablemente, ésta es una forma estupenda de comprometerte con tu desarrollo personal y tu autodescubrimiento. De ahora en adelante, podrás ir haciendo un seguimiento de todos tus hallazgos sobre numerología en una página especial que hemos incluido para celebrar tus logros. Esta parte está pensada para apoyarte a medida que continúes explorando el intrigante campo de la numerología, pues aquí podrás registrar tus descubrimientos, patrones y observaciones. Utilízala para plasmar tus ideas, emociones y revelaciones, de modo que puedas tener una documentación visual de tu camino hacia una mayor autoconciencia y comprensión.

Espero que te hayas divertido en esta aventura que te cambiará la vida y que la numerología se convierta en un recurso útil para ti a medida que continúes investigando y descubriendo los misterios de tu proyecto numerológico.

- Número del camino vital
- Número de nacimiento
- Número de primera impresión
- Número del alma interior (impulso del alma)
- Número de carácter
- Número de expresión
- Número del año personal
- Número del mes personal
- Número de lección kármica
- Número del día personal
- Número de madurez
- Número de deuda kármica
- Tabla del sendero natal
- Tabla del nombre
- Compatibilidades
- Flechas
- Parejas de enamorados

Párate a pensar en la aventura que has emprendido con este libro y en todo el conocimiento que a estas alturas ya has adquirido sobre tu numerología y sobre ti mismo. Podríamos decir que en cada capítulo has abierto una ventana a distintos aspectos de tu personalidad, a tus habilidades y a los posibles obstáculos, pues no sólo has aprendido a identificar tu número del camino vital, sino que incluso has logrado profundizar en los matices de tu tabla de nacimiento y de tu tabla del nombre.

Precisamente por eso, ha llegado el momento de juntar todo lo que has aprendido e identificar los distintos patrones que han ido emergiendo. ¿Eres capaz de ver cómo tu número de nacimiento y tu número del alma interior, así como tu número del camino vital y tu número de expresión se influyen mutuamente de una manera sutil pero significativa? Fíjate bien en de qué manera los temas generales y las energías de momentos particulares de tu vida están determinados por tus números del año y del mes, y en cómo tu número de expresión kármica y tu número de madurez proporcionan información sobre cómo has ido cambiando y creciendo con el paso del tiempo. ¡Hay tantísimo por descubrir!

Piensa en el significado de tu número de deuda kármica y en las muchas formas en que se manifiesta en tu crecimiento personal, en tu vida profesional y en tus relaciones. Analiza la relación que existe entre las compatibilidades y las flechas de tus cartas numerológicas para identificar aquellas partes de ti que pueden beneficiarse del desarrollo y de la transformación, así como de las alineaciones armónicas.

A la hora de abordar el proceso de profundizar en los detalles de tu perfil numerológico, no te olvides de hacerlo con una mente abierta, curiosidad y compasión contigo mismo. Entiende el proceso de autodescubrimiento como una exploración continua y en evolución, y date permiso para seguir tu intuición con introspección.

Por último, reconoce las muchas aplicaciones útiles de la numerología en los diversos aspectos de tu vida, ya sea para comprender tu compatibilidad en el amor, lidiar con patrones de comportamiento complejos o incluso saber todo lo que necesitas sobre tu relación con una mascota. Si así lo deseas, puedes seguir utilizando los conocimientos de la numerología para desarrollar aún más la autoconciencia, la realización y la armonía en todos los aspectos de tu vida. Para ello, no dejes de incorporar esta práctica en tu rutina diaria con atención plena e intención.

- ¿Cómo percibes que ha aumentado tu comprensión de la numerología a lo largo de este viaje y con qué ideas te has sentido más identificado?
- ¿De qué manera has percibido patrones o conexiones entre los diferentes aspectos de tu perfil numerológico y cómo estos reflejan tu personalidad, tus puntos fuertes y tus áreas de crecimiento?
- Párate a pensar en tus tablas numerológicas: ¿con qué sorpresas o descubrimientos te has topado que te han permitido profundizar en tu comprensión de ti mismo y de tu camino vital?
- En el futuro, ¿cómo planeas aplicar en tu vida cotidiana los conocimientos y las perspectivas que te ha proporcionado la numerología? ¿Qué harás para mantenerte fiel a ti mismo y alcanzar tu máximo potencial?

Agradecimientos

Quiero aprovechar estas páginas para transmitir mi más sincero e inmenso agradecimiento a mi esposo, a mi madre y a mis tres hijos, así como al resto de mi familia, por su amor, aliento y apoyo inquebrantables a lo largo del viaje que ha supuesto para mí la escritura de este libro. Vuestra fe ciega en mí y vuestro deseo de permanecer a mi lado mientras yo perseguía mis sueños han sido, sin duda, las mayores bendiciones en mi vida. Gracias por vuestra paciencia infinita, vuestra comprensión y vuestro aliento constante, incluso durante los momentos más difíciles.

Desde aquí también quiero dar las gracias a todos esos familiares y amigos que me han animado en cada paso del camino. Vuestras palabras de ánimo, vuestros actos de bondad y vuestro apoyo constante han alimentado mi pasión y no han hecho más que inspirarme a seguir adelante hasta cuando me he enfrentado a obstáculos.

Gracias a mis fans, estoy infinitamente agradecida por vuestra lealtad y apoyo a lo largo de los años. Vuestro entusiasmo por mi trabajo y vuestro incansable mecenazgo han sido una enorme fuente de motivación e inspiración siempre.

Gracias a todos por formar parte de este increíble viaje. Vuestro amor, apoyo y confianza en mí me han hecho ser quien soy y llegar hasta aquí, y estaré eternamente agradecida a cada uno de vosotros.

Sobre la autora

Kelli Miller es una vidente y médium con más de una década de experiencia. Kelli se dedica a guiar a los demás como profesora y mentora de desarrollo espiritual. Como oradora transformacional, Kelli inspira al público con sus conocimientos y sabiduría únicos, y ayuda a todos a maximizar su potencial espiritual y personal. Además, Kelli es la directora general de Awakenings, una conocida tienda que ofrece una gran selección de productos metafísicos diseñados para apoyar tu viaje espiritual cuya sede está en Omaha, Nebraska.

Sobre la ilustradora

Coni Curi es una ilustradora autodidacta de Buenos Aires, Argentina. Su estilo se conoce como «neonostalgia», ya que combina el estilo vintage con temas actuales. Además de ilustradora, es lectora de tarot y ha ilustrado varias barajas de tarot. Visita a Coni en Instagram @conicuri y en <conicuri.com>.